탄탄
수학

메타인지 능력 향상으로 초등 수학 개념 잡기

초등 수학 개념 총정리

한 권으로 끝

키즈프렌즈

초판 1쇄 인쇄 2025년 1월 20일
초판 1쇄 발행 2025년 2월 4일

지은이 베이직콘텐츠랩
펴낸이 고정호
펴낸곳 베이직북스
주소 서울시 금천구 가산디지털1로 16, SK V1 AP타워 1221호
전화 02) 2678-0455
팩스 02) 2678-0454
이메일 basicbooks1@hanmail.net
홈페이지 www.basicbooks.co.kr
블로그 blog.naver.com/basicbooks_
인스타그램 www.instagram.com/basicbooks_official
출판등록 제 2021-000087호
ISBN 979-11-6340-088-2

머리말

조기 교육, 선행 학습 등으로 아이들의 부담이 갈수록 커져 가는 추세는 이미 오래된 것으로, 새롭지도 않습니다. 이런 추세가 문제인 것은 속도입니다. 일단 먼저! 일단 빨리! 그러다 보니, 아이들은 개념을 제대로 익히기도 전에 진도를 빨리 나가는 것만 급급해하고 있습니다. 수학 과목은 공부 좀 한다 싶은 아이들이 초등학교 때 초등 과정은 물론 중고등 과정까지 다 훑고 몇 번 반복하고, 심화 과정 영재 과정 등 고급 과정까지 하는 경우도 흔합니다.

아이들이 이것을 다 소화해낸다면, 아무 문제가 없겠죠. 그렇다면 '수포자(수학을 포기한 자)'라는 말이 나오지도 않았을 겁니다. 옛 속담에서도 '모래 위에 선 집'이라는 말이 있는데, 기초가 튼튼하지 못하면 집이 허물어질 거라는 것을 비유한 것이죠. 기초 과정이 제대로 되지 않은 상태에서 무조건 진도만 빨리 나가려다 보니, 아이의 수학 실력은 흔들리게 되고, 결국 수학을 포기하는 상태에 이르러서 '나는 수포자'라고 두 손을 들고 수학에 항복합니다.

수학이라는 과목은 개념을 잘 익히고 연습을 하면 충분히 공략할 수 있습니다. 만약 내 아이가 수학을 포기하려고 한다면, 개념을 제대로 알고 있는지 검토해야 합니다. 모든 공부가 그렇듯, 가장 기본적인 개념을 잘 이해하는지, 내 것으로 만들었는지 살펴야 합니다. 몇 문제 더 풀었나, 몇 권의 문제집을 끝냈나, 수학 과정을 몇 번 반복했는가에 연연하지 말아야 합니다.

여전히 진도에 중점을 둔 분위기라 응용 과정과 심화 과정 문제집이 주목을 받고 있는 중에, 좀 늦은 감이 있지만 최근 몇 년 사이 개념을 정리하는 교재들이 나오고 있습니다. 그런데 진짜 수학이 힘든 아이들에게는 역시 어려운 문제집들이 많습니다.

이런 아이들을 수포자로 만들지 않기 위해, 본 교재를 기획했습니다. 수학이라는 소리만 들어도 부담감으로 눌리는 아이들도 자신 있게 다시 출발할 수 있도록 각 단원마다 꼭 필요한 개념과 기본적인 문제만 수록하여 신나게 한 장 한 장 풀어가면서 탄탄한 기초를 닦을 수 있는 가이드가 될 것입니다.

어제의 수포자가 오늘의 수학 자신감을 뽐낼 수 있는 학생이 되기를 바랍니다!

개념

✔ 가장 기본적인 개념 설명입니다.
어떤 원리인지, 어떤 개념인지 잘 읽어보면서 확인하고 정리합니다.

✔ 본 과정과 연관된 학년을 표시하여,
학교 진도와 맞춰서 참고할 수 있습니다.

I. 자연수의 사칙연산

초등 2, 3, 4, 5, 6

개념 04 곱셈

곱셈이란? 이것만은 꼭!

같은 수를 여러 번 더하는 것을 뜻합니다.
곱하기는 ×로 표시하고, 곱하는 순서를 바꿔도 결과가 같습니다.
구구단을 외워두면 곱셈을 효율적으로 할 수 있습니다.

아무리 큰 수라도 0을 곱하면 0입니다.
예) 2 × 0 = 0   1000 × 0 = 0

어떤 수든 1을 곱하면 바로 그 수입니다.
예) 2 × 1 = 2   1000 × 1 = 1000

✔ 학습 중에 필요한 요령과 팁을 정리했습니다. 학습의 재미와 실력을 올리는 데 도움이 됩니다.

예제

예제
1 **한 자리 수 곱하기**

67×8

풀이 ① 가로셈으로 풀기

$\underline{67} \times 8 = 536$

$\rightarrow 60+7$ ◐ 67의 각 자리 숫자가 나타내는 값에 각각 8을 곱합니다.
이때 일의 자리부터 곱합니다.

$\left. \begin{array}{l} 7 \times 8 = 56 \\ 60 \times 8 = 480 \end{array} \right\}$ ◐ $56 + 420 = 536$

◎ 개념을 익혔다면 문제에서 어떻게 적용해야 하는지 알아야 합니다.

개념의 이해를 돕는 기본 문제가 자세한 설명과 함께 제시되어 있습니다. 부담 없이 따라 풀어 봅니다.

확인 Check!

확인 Check! **곱셈**

1 77×34

2 456×89

◎ 예제로 연습한 다음, 비슷한 수준의 문제를 내 힘으로 직접 풀어보고,

아래 풀이와 답을 보면서 확인합니다.

메타인지 확인하기

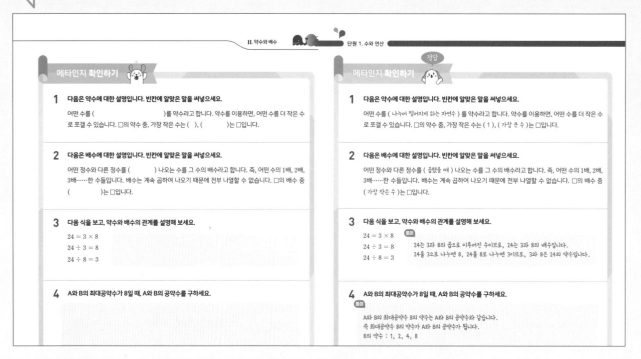

✅ 제대로 학습하고 내 것으로 만들었다면, 다른 사람에게도 설명할 수 있습니다.

내가 직접 수업을 한다고 가정하고 배운 것을 다시 한번 정리해 봅니다.

단원 평가

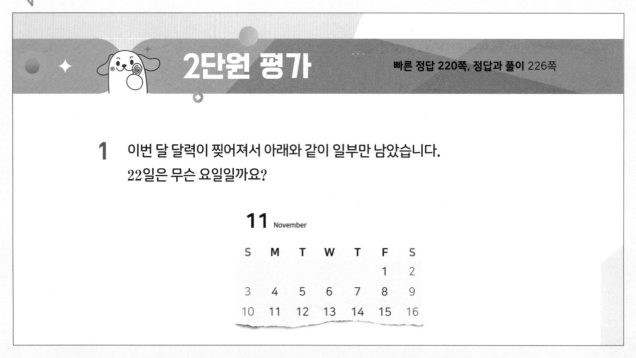

✅ 각 단원을 마치고 배운 내용을 확인하는데 필요한 필수적인 문제로 구성했습니다.

혼자 풀어보면서 얼마나 내 실력이 되었는지 알아봅니다.

총괄 평가

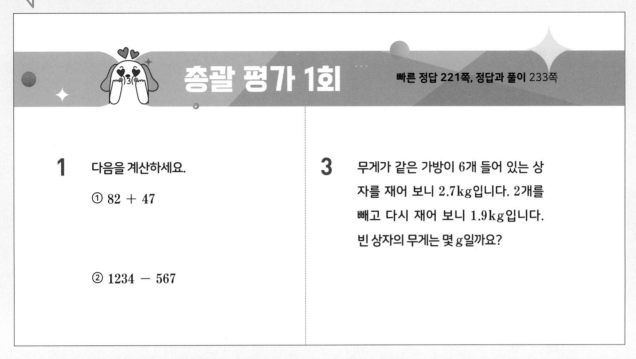

총괄 평가 1회

빠른 정답 221쪽, 정답과 풀이 233쪽

1 다음을 계산하세요.

① 82 + 47

② 1234 − 567

3 무게가 같은 가방이 6개 들어 있는 상자를 재어 보니 2.7kg입니다. 2개를 빼고 다시 재어 보니 1.9kg입니다. 빈 상자의 무게는 몇 g일까요?

✓ 1단원부터 4단원까지 전체적인 범위에서 골고루 출제된 기본적인 문제들로 구성한 총괄 평가 3회분입니다. 개념을 확실히 익혔다면 자신 있게 풀 수 있는 평가입니다.

빠른 정답 & 정답과 풀이

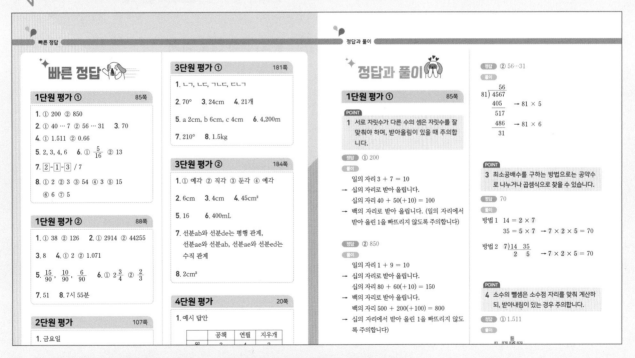

빠른 정답

빠른 정답

1단원 평가 ① 85쪽

1. ① 200 ② 850
2. ① 40 ⋯ 7 ② 56 ⋯ 31 3. 70
4. ① 1.511 ② 0.66
5. 2, 3, 4, 6 6. ① $\frac{5}{16}$ ② 13
7. 2 - 1 - 3 / 7
8. ① 2 ② 3 ③ 54 ④ 3 ⑤ 15
⑥ 6 ⑦ 5

1단원 평가 ② 88쪽

1. ① 38 ② 126 2. ① 2914 ② 44255
3. 8 4. ① 2 ② 1.071
5. $\frac{15}{90}$, $\frac{10}{90}$, $\frac{6}{90}$ 6. ① 2$\frac{3}{4}$ ② $\frac{2}{3}$
7. 51 8. 7시 55분

2단원 평가 107쪽

1. 금요일

3단원 평가 ① 181쪽

1. ㄴㄱ, ㄴㄷ, ㄱㄷ, ㄷㄹㄱ
2. 70° 3. 24cm 4. 21개
5. a 2cm, b 6cm, c 4cm 6. 4,200m
7. 210° 8. 1.5kg

3단원 평가 ② 184쪽

1. ① 예각 ② 직각 ③ 둔각 ④ 예각
2. 6cm 3. 4cm 4. 45cm²
5. 16 6. 400mL
7. 선분ab와 선분de는 평행 관계,
선분ae와 선분ab, 선분de와 선분ed는
수직 관계
8. 2cm²

4단원 평가 20쪽

1. 예시 답안

	공책	연필	지우개
일	2	4	

정답과 풀이

정답과 풀이

1단원 평가 ① 85쪽

POINT
1 서로 자릿수가 다른 수의 셈은 자릿수를 잘 맞춰야 하며, 받아올림이 있을 때 주의합니다.

정답 ① 200

풀이
일의 자리 3 + 7 = 10
→ 십의 자리로 받아 올립니다.
십의 자리 40 + 50(+10) = 100
→ 백의 자리로 받아 올립니다. (일의 자리에서 받아 올린 1을 빠뜨리지 않도록 주의합니다)

정답 ② 850

풀이
일의 자리 1 + 9 = 10
→ 십의 자리로 받아 올립니다.
십의 자리 80 + 60(+10) = 150
→ 백의 자리로 받아 올립니다.
백의 자리 500 + 200(+100) = 800
→ 십의 자리에서 받아 올린 1을 빠뜨리지 않도록 주의합니다

정답 ② 56⋯31

풀이

$$\begin{array}{r} 56 \\ 81\overline{)4567} \\ \underline{405} \quad \to 81 \times 5 \\ 517 \\ \underline{486} \quad \to 81 \times 6 \\ 31 \end{array}$$

POINT
3 최소공배수를 구하는 방법으로는 공약수로 나누거나 곱셈식으로 찾을 수 있습니다.

정답 70

풀이
방법 1 14 = 2 × 7
35 = 5 × 7 → 7 × 2 × 5 = 70

방법 2 7) 14 35
2 5 → 7 × 2 × 5 = 70

POINT
4 소수의 뺄셈은 소수점 자리를 맞춰 계산하되, 받아내림이 있는 경우 주의합니다.

정답 ① 1.511

✓ 단원 평가와 총괄 평가의 정답과 풀이를 자세하게 정리했습니다.
내 힘으로 푼 문제들을 맞춰 보면서 수학의 자신감을 더해 보세요!

단원

수와 연산

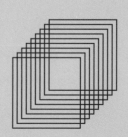

개념 01 자연수와 십진법

자연수란?

개수를 세기 위해서 만들어진 수로, 1부터 1씩 커집니다.
연속하는 두 자연수의 차는 1입니다.

> 0은 세기 위한 수가 아니므로
> 자연수가 아닙니다.

십진법이란?

10묶음마다 한 단위씩 자리를 올려서 수를 표시하는 것입니다.
1, 10, 100, 1000...과 같이 새로운 자리로 옮겨가는 법인데요. 10개의 손가락으로 표현할
수 있는 것에서 유래되었다고 합니다.
수의 자리는 값을 나타내며, 자릿값은 한 자리 올라갈 때마다 10배가 됩니다.

> 수를 읽을 때는 자릿값에 맞게 읽습니다.
>
> 백의 자리 십의 자리 일의 자리
> $\underset{200}{2}$ $\underset{30}{3}$ $\underset{6}{6}$

예제

1 주어진 수의 바로 **다음 수**를 쓰세요.

① 12345 → [   ]   ② 67890 → [   ]

풀이 자연수는 1씩 커집니다. 12345의 다음 수는 1이 큰 12346이고, 67890보다 1이 큰
67891이 다음 수가 됩니다.

정답 ① 12346 ② 67891

2 주어진 수에서 ⓐ와 ⓑ가 나타내는 **실제 수가 무엇**인지 쓰세요.

2 8 4 6 8 5   (ⓐ   ⓑ   )
  ⓐ   ⓑ

풀이 284685는 '이십**팔만** 사천육백**팔십**오'입니다.
ⓐ 8은 팔만에 해당하고, ⓑ 8은 팔십에 해당합니다.

정답 ⓐ 80000   ⓑ 80

3 두 수의 크기를 **비교**하세요.

① 33333 ◯ 3333   ② 12345 ◯ 13579

풀이 ① **자릿수가 많을수록 큰 수입니다.** 따라서 33333은 3333보다 큰 수입니다.

33333은 삼만 삼천삼백삼십삼, 3333은 삼천삼백삼십삼입니다.
즉, 33333은 3333보다 삼만이 더 큰 수입니다.

② 12345와 13579는 자릿수는 같습니다.
이럴 때는 **큰 값을 나타내는 높은 자리부터 차례로 비교**해 봅니다.

1 2 3 4 5

1 3 5 7 9

만의 자리는 1로 같으므로, 다음 자릿수인 천의 자리 수를 비교합니다.
2와 3은 각각 2천과 3천을 의미하며, 2천보다 3천이 더 큰 수이므로,
13579가 더 큰 수가 됩니다.

정답 ① >   ② <

확인 Check! 　　　　　　　　　　**자연수와 십진법**

1 　주어진 수의 바로 **이전 수**와 **다음 수**를 쓰세요.

①	56789	②

2 　다음이 설명하는 **수**를 쓰세요.

'구십구만 구천구백구십구'보다 1 큰 수　[　　　　　　　]

풀이와 답

1. ①은 56789보다 1이 작은 수, ②는 56789보다 1이 큰 수입니다.

2. '구십구만 구천구백구십구'는 999999입니다. 이것보다 1이 큰 수는 1000000, '백만'입니다

정답 : 1. ① 56788 ② 56790　**2.** 백만(1,000,000)

개념 02 덧셈

초등 1, 2, 3, 4, 5

 덧셈이란?

수를 더해서 늘어나는 셈을 말합니다. 더하기는 '+'로 표시해요.

자연수의 덧셈 결과는 수가 커집니다. 더하기를 할 때는 각 자릿수를 맞춰서 계산해야 합니다.

가르기 : 하나의 자연수를 두 개의 자연수의 합으로 표현합니다.

받아올림이 있는 덧셈식에서 수 가르기를 이용하면 덧셈을 쉽고 빠르게 할 수 있습니다.

예 $7 + 6 = 13$

$$\overset{\diagup\ \diagdown}{3 \quad 3}$$

7이 10이 되려면 3이 필요합니다. 따라서 더하는 수 6에서 3을 가져옵니다.

→ $10 + 3 = 13$

6 = 3 + 3이므로 7에 3을 주면 10이 되고, 남은 3을 더하면 덧셈의 결과는 13이 됩니다.

받아올림 : 각 자리 숫자끼리 더한 값이 10이상인 경우 윗자리로 올려 주는 것입니다. 일의 자리의 셈이 10이 넘으면 십의 자리로 올려 주고 십의 자리 위에 1을 표시하는데, 이때 1은 10을 의미합니다. 같은 원리로, 십의 자리의 셈이 10이 넘으면 백의 자리 위에 1을 표시하며, 이것은 100을 의미합니다.

 예제

1 받아올림이 없는 덧셈

① $22 + 6$ ② $13 + 31$

풀이   덧셈을 할 때는 **각 자릿수를 맞춰** 더합니다.

①은 두 자릿수 더하기 한 자릿수 덧셈입니다. 따라서 일의 자리 수인 2와 6을 더하면 됩니다.

②는 두 자릿수 더하기 두 자릿수 덧셈입니다. 일의 자리인 3과 1, 십의 자리인 1과 3을 각 자릿수를 맞춰 더하면 됩니다.

정답   ① 28   ② 44

2 받아올림이 있는 덧셈

$38 + 15$

① 가로셈으로 풀기 | ② 세로셈으로 풀기

풀이   ① 가로셈으로 풀기

$38 + 15 = 53$

   2   13

➡ 38에 2를 더하면 40이 됩니다.

가르기 : 15를 2 + 13으로 가르기 하여 38 + 2와 13으로 계산하면 덧셈이 쉬워집니다.

$40 + 13 = 53$

② 세로셈으로 풀기

```
  1
  3 8
+ 1 5
  5 3
```

➡ $8 + 5 = 13$

➡ 일의 자리의 합이 13입니다.

일의 자리인 3을 자리에 맞춰 쓰고, 13의 십의 자리인 1을 3 위에 써 줍니다.

쓰는 것은 1이라고 쓰지만, 실제로는 10을 의미합니다.

➡ 십의 자리의 합인 $1(0) + 3(0) + 1(0) = 5(0)$이 됩니다.

TIPS 세로셈은 자릿수를 맞춰서 셈하기 편한 장점이 있습니다.

정답   53

확인 Check!   덧셈

1 56 + 74

2 628 + 697

풀이와 답

1. 일의 자리끼리, 십의 자리끼리 **자릿수를 맞춰서 더합니다.**

$$6 + 4 = 10$$
$$50 + 70 = 120 \quad \Rightarrow \quad 10 + 120 = 130$$

또는 세로셈으로 풀면 다음과 같습니다.

$$
\begin{array}{r}
\overset{1}{}5\ 6 \\
+\ 7\ 4 \\
\hline
1\ 3\ 0
\end{array}
$$

2. 자릿수가 많아져도 각 자릿수를 맞춰 셈을 하면 되기 때문에 어려울 것이 없습니다.

TIPS 받아올림이 있을 때 셈에 더하는 것을 잊지 않는 것에 주의하세요.

$$8 + 7 = 15$$
$$20 + 90 = 110$$
$$600 + 600 = 1200 \quad \Rightarrow \quad 15 + 110 + 1200 = 1325$$

또는 세로셈으로 풀면 다음과 같습니다.

$$
\begin{array}{r}
\overset{1}{6}\ \overset{1}{2}\ 8 \\
+\ 6\ 9\ 7 \\
\hline
1\ 3\ 2\ 5
\end{array}
$$

◑ 일의 자리를 더한 8 + 7 = 15이므로, 십의 자리로 받아올림이 있습니다.

◑ 십의 자리를 더한 20 + 90 + 10 = 120이므로, 백의 자리로 받아올림이 있습니다.

정답 : 1. 130 **2.** 1325

개념 03 ◯◯ 뺄셈

뺄셈이란?

수를 빼서 줄어드는 셈을 말합니다. 빼기는 ─로 표시해요.
자연수의 뺄셈 결과는 수가 작아집니다.
빼기를 할 때는 각 자릿수를 맞춰서 계산해야 합니다.

받아내림 : 같은 자리의 수끼리 뺄 수 없을 때 바로 윗자리에서 10을 받아내림하여 계산합니다.

> 윗자리에서 10을 받아내림하고,
> 윗자리 숫자에 선을 긋고 하나를 뺀 숫자를 작게 써 줍니다.
> 표시를 하지 않고 계산을 하다 보면, 실수를 할 수 있답니다.

예제

1 받아내림이 없는 뺄셈

① $18 - 5$ ② $36 - 11$

풀이 ① 18을 10과 8로 가르기 하고, 일의 자리인 8에서 5를 빼고 남은 3을 10에 더하면 13이 됩니다.

$$18 - 5 = 13$$

$$10 \quad 8$$

➡ $8 - 5 = 3$

② 십의 자리끼리, 일의 자리끼리 셈을 합니다.

$$30 - 10 = 20$$
$$6 - 1 = 5$$ ➡ $20 + 5 = 25$

정답 ① 13 ② 25

2

받아내림이 있는 뺄셈

$52 - 25$

① 가로셈으로 풀기 ② 세로셈으로 풀기

풀이 ① 가로셈으로 풀기

$$52 - 25 = 27$$

$$40 \quad 12$$

➡ 2에서 5를 뺄 수 없기 때문에 52를 40과 12로 가릅니다.

$$40 - 20 = 20$$ ➡ 십의 자리 셈인 40에서 20을 뺍니다.

$$12 - 5 = (10 + 2) - 5 = 5 + 2 = 7$$

➡ 일의 자리 셈인 12에서 5를 뺄 때, 12를 $(10+2)$로 갈라서, 10에서 5를 뺀 5와 남은 2를 더해 합이 7이 나옵니다. 각 자릿수의 셈을 더하면 27이 됩니다.

② 세로셈으로 풀기

$$
\begin{array}{r}
\boxed{4} \quad \boxed{10} \\
\not 5 \quad 2 \\
-\ 2 \quad 5 \\
\hline
2 \quad 7
\end{array}
$$

➡ 2에서 5를 뺄 수 없기 때문에 십의 자리에서 1(실제 10)을 일의 자리로 받아내림합니다.

➡ $12 - 5 = 7$ * 십의 자리에서 받아내린 10을 더해 12에서 5를 뺍니다.

➡ $40 - 20 = 20$ * 받아내림한 후 4(실제 40)이 된 것을 표시합니다.

정답 27

확인 Check!  뺄셈

1 $84 - 19$

2 $862 - 457$

풀이와 답

1. 받아내림이 있는 뺄셈입니다.

84를 70과 14로 가르기 하여 생각합니다.

$$\left.\begin{array}{l} 70 - 10 = 60 \\ 14 - 9 = 5 \end{array}\right\} \; \Rightarrow \; 60 + 5 = 65$$

세로셈으로 풀어보겠습니다.

$$\begin{array}{r} {}^{\boxed{7}}8 \; {}^{\boxed{10}}4 \\ - \; 1 \; 9 \\ \hline 6 \; 5 \end{array}$$ ➡ 4에서 9를 뺄 수 없기 때문에 십의 자리에서 1을 받아내림합니다.

2. 자릿수가 늘어난 뺄셈입니다.

$$\begin{array}{r} 8 \; {}^{\boxed{5}}6 \; {}^{\boxed{10}}2 \\ - \; 4 \; 5 \; 7 \\ \hline 4 \; 0 \; 5 \end{array}$$ ➡ 2에서 7을 뺄 수 없기 때문에 십의 자리에서 1을 받아내림합니다.

정답 : 1. 65 **2.** 405

메타인지 확인하기

1 덧셈, 뺄셈에 대한 설명입니다. 다음 빈칸에 알맞게 써넣으세요.

① 덧셈이란? 수를 (   ) 늘어나는 셈을 말합니다. 더하기는 (   )로 표시해요.
　　　　　　　자연수의 덧셈 결과는 수가 (   ).

② 뺄셈이란? 수를 (   ) 줄어드는 셈을 말합니다. 빼기는 (   )로 표시해요.
　　　　　　　자연수의 뺄셈 결과는 수가 (   ).

2 받아올림과 받아내림에 대해 설명해 보세요.

① 받아올림 :

② 받아내림 :

3 다음 계산이 잘못된 곳이 왜 틀렸는지 설명하고, 바르게 고치세요.

①
```
    5  2  8  4
+      6  7  9
───────────────
    5  8  5  3
```
힌트 받아올림이 있는 덧셈입니다.

이유

②
```
    3  4  1  5
-      8  3  6
───────────────
    2  6  8  1
```
힌트 받아내림이 있는 뺄셈입니다.

이유

메타인지 확인하기

1 덧셈, 뺄셈에 대한 설명입니다. 다음 빈칸에 알맞게 써넣으세요.

① 덧셈이란? 수를 (더해서) 늘어나는 셈을 말합니다. 더하기는 (+)로 표시해요.

　　　　　 자연수의 덧셈 결과는 수가 (커집니다).

② 뺄셈이란? 수를 (빼서) 줄어드는 셈을 말합니다. 빼기는 (-)로 표시해요.

　　　　　 자연수의 뺄셈 결과는 수가 (작아집니다).

---

2 받아올림과 받아내림에 대해 설명해 보세요.

① 받아올림 : 각 자리 숫자끼리 더한 값이 10 이상인 경우 윗자리로 올려 주는 것입니다.

② 받아내림 : 같은 자리의 수끼리 뺄 수 없을 때 바로 윗자리에서 10을 받아내림하여 계산합니다.

---

3 다음 계산이 잘못된 곳이 왜 틀렸는지 설명하고, 바르게 고치세요.

①
```
      1 1
   5  2  8  4
+     6  7  9
─────────────
   5  9  6  3
```
이유 받아올림을 제대로 하지 않아 계산이 틀렸습니다.

풀이

4 + 9 = 13　　　　　　　⊖ 결과가 13이므로 십의 자리로 1을 받아올림해야 합니다.

80 + 70 + 10 = 150　　⊖ 일의 자리에서 받아올림한 1을 더하지 않았습니다.

200 + 600 + 100 = 800　⊖ 십의 자리에서 1을 받아올림해야 하는데, 하지 않았습니다.

②
```
   2  3  0  10
   3  4  1  5
−     8  3  6
─────────────
   2  5  7  9
```
이유 받아내림을 제대로 하지 않아 계산이 틀렸습니다.

풀이

⊖ 일의 자리 5에서 6을 뺄 수 없기 때문에 십의 자리에서 1을 받아내림해야 합니다.

　십의 자리는 일의 자리로 받아내림했기 때문에 1을 지우고 0으로 표시합니다.

　일의 자리 계산에 1을 쓴 이유는 뺄셈을 하지 않고 덧셈으로 착각했습니다.

　15 - 6 = 9

⊖ 십의 자리는 0으로 바뀌어서 백의 자리에서 1을 받아내림하고, 백의 자리 4를 지우고 3으로 표시합니다.

　일의 자리로 받아내림한 것을 반영하지 않았습니다.

　100 - 30 = 70

⊖ 백의 자리는 3으로 바뀌어서 천의 자리에서 1을 받아내림하고, 천의 자리 3을 지우고 2로 표시합니다.

　역시 십의 자리로 받아내림한 것을 반영하지 않았습니다.

　1300 - 800 = 500

개념 04 ⃝⃝ 곱셈

곱셈이란?

같은 수를 여러 번 더하는 것을 뜻합니다.

곱하기는 ×로 표시하고, 곱하는 순서를 바꿔도 결과가 같습니다.

구구단을 외워두면 곱셈을 효율적으로 할 수 있습니다.

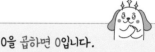

아무리 큰 수라도 0을 곱하면 0입니다.

　예) $2 \times 0 = 0$　　$1000 \times 0 = 0$

어떤 수든 1을 곱하면 바로 그 수입니다.

　예) $2 \times 1 = 2$　　$1000 \times 1 = 1000$

예제

1　한 자리 수 곱하기

$$67 \times 8$$

풀이　① 가로셈으로 풀기

$$\underline{67} \times 8 = 536$$

⤷ $60 + 7$　　● 67의 각 자리 숫자가 나타내는 값에 각각 8을 곱합니다.

이때 일의 자리부터 곱합니다.

$$\left. \begin{array}{l} 7 \times 8 = 56 \\ 60 \times 8 = 480 \end{array} \right\}$$ ● $56 + 420 = 536$

② 세로셈으로 풀기

$$
\begin{array}{r}
6\ 7 \\
\times \quad 8 \\
\hline
5\ 6 \\
4\ 8\ 0 \\
\hline
5\ 3\ 6
\end{array}
$$

● 일의 자리에 잘 맞춰서 계산한 결과를 씁니다.

● 십의 자리에 잘 맞춰서 계산한 결과를 씁니다.
48이라고 쓰지만, 실제는 480을 의미합니다.

정답　536

예제 2

받아올림이 있는 덧셈

345×67

① 가로셈으로 풀기

② 세로셈으로 풀기

풀이 ① 가로셈으로 풀기

$$345 \times 67$$

➡ $60 + 7$ ◐ 곱하는 수 67을 60과 7로 나누어 각각 곱합니다.

$$345 \times 7 = 2415$$
$$345 \times 60 = 20700$$
◐ $2415 + 20700 = 23115$

② 세로셈으로 풀기

```
        3 4 5
  ×       6 7
      2 4 1 5
    2 0 7 0 0
    2 3 1 1 5
```

◐ 345×7의 셈을 일의 자리에 잘 맞춰서 계산한 결과를 씁니다.

◐ 345×60의 셈을 십의 자리에 잘 맞춰서 계산한 결과를 씁니다. 2070이라고 쓰지만, 실제는 20700을 의미합니다.

정답 23115

확인 Check!　　　　　**곱셈**

1　77×34

2　456×89

풀이와 답

가로셈이나 **세로셈**으로 풀어볼 수 있습니다.

1. ① 가로셈으로 풀기

$$77 \times 34 = 77 \times 4 + 77 \times 30 = 308 + 2310 = 2618$$

② 세로셈으로 풀기

```
        7 7
    ×   3 4
      3 0 8    ➡ 77 × 4
    2 3 1 0    ➡ 77 × 30
    2 6 1 8
```

2. ① 가로셈으로 풀기

$$456 \times 89 = 456 \times 9 + 456 \times 80 = 4104 + 36480 = 40584$$

② 세로셈으로 풀기

```
        4 5 6
    ×     8 9
      4 1 0 4    ➡ 456 × 9
    3 6 4 8 0    ➡ 456 × 80
    4 0 5 8 4
```

정답 : **1.** 2618 **2.** 40584

개념 05 ○○ 나눗셈

초등 3, 4, 6

나눗셈이란?

어떤 수(□)를 다른 어떤 수(△)로 나눈다는 것은 □에서 △만큼 몇 번(◇) 뺄 수 있는지 알아보는 셈입니다. 나누기는 ÷로 표시합니다.

□는 **나누어지는 수**, △는 **나누는 수**라고 부르며, ◇는 **몫**이라고 합니다.

이때 더 이상 △만큼 뺄 수 없는 수가 남았을 때(☆) 이것을 나머지라고 합니다.

$$□ \div △ = ◇ \cdots ☆$$

나누어지는 수   나누는 수   몫   나머지

☆은 반드시 △보다 작아야 합니다.
☆이 △보다 크다면, 다시 계산해 봅니다.

나눗셈 검산하기

모든 나눗셈은 곱셈식으로 바꿀 수 있습니다. 따라서 나눗셈의 계산 결과가 맞는지 확인하는 검산하려면 곱셈식을 활용해 봅니다.

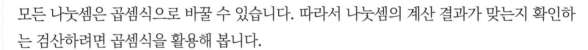

$$□ \div △ = ◇ \cdots ☆$$
$$□ = ◇ \times △ + ☆$$
$$□ - ☆ = ◇ \times △$$

1 **나머지가 없는 나눗셈**

$56 \div 4$

풀이 ① 가로셈으로 풀기

$56 \div 4 = 14$ ⊙ 56에서 4를 14번 뺄 수 있습니다.

② 세로셈으로 풀기

$$
\begin{array}{r}
14 \\
4\overline{)56} \\
4 \\
\hline
16 \\
16 \\
\hline
0
\end{array}
$$

⊙ $4 \times 1 = 4$
높은 자리부터 차례로 [나누는 수] × [몫]을 구합니다.

⊙ $4 \times 4 = 16$

⊙ 더 이상 뺄 수 없을 때까지 뺍니다.

③ 검산하기

$56 \div 4 = 14$

$56 = 14 \times 4$

정답 14

예제
2 나머지가 있는 나눗셈

$$139 \div 6$$

풀이 ① 가로셈으로 풀기

$$139 \div 6 = 23 \cdots 1$$

② 세로셈으로 풀기

$$
\begin{array}{r}
23 \\
6\overline{)139} \\
120 \\
\hline
19 \\
18 \\
\hline
1
\end{array}
$$

○ $6 \times 2 = 12$

○ $6 \times 3 = 18$

TIPS 더 이상 뺄 수 없는 수 '1'은 나머지입니다. 나머지는 반드시 나누는 수 '6'보다 작아야 합니다.

③ 검산하기

$$139 \div 6 = 23 \cdots 1$$

$$139 = 23 \times 6 + 1$$

$$139 - 1 = 23 \times 6$$

정답 $23 \cdots 1$

확인 Check!  나눗셈

다음 빈칸에 알맞은 수를 써넣으세요.

1
```
      □□
  3) 8 5
     □
    □□
    □□
     □
```

2
```
         □□
  42) 2 1 7 3
      □□□
       □□
       □□
        □□
```

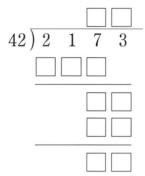

풀이와 답

1.
```
      2 8
  3) 8 5
     6 0      ➡ 3 × 2 = 6
     2 5
     2 4      ➡ 3 × 8 = 24
       1
```

◉ 검산하기
$85 ÷ 3 = 2 \cdots 1$
$85 = 28 × 3 + 1$
$85 - 1 = 28 × 3$

2.
```
        5 1
  42) 2 1 7 3
      2 1 0 0
         7 3
         4 2
         3 1
```
➡ $42 × 5 = 210$ (217에서 42를 몇 번 뺄 수 있는지 어림해 봅니다.)
➡ $42 × 1 = 42$
➡ 나머지 '31'은 나누는 수 '42'보다 작기 때문에 맞는 셈입니다.

◉ 검산하기
$2173 ÷ 42 = 51 \cdots 31$
$2173 = 51 × 42 + 31$
$2173 - 31 = 51 × 42$

정답 : **1.** 28…1 **2.** 51…31

개념 06 자연수의 혼합 계산

초등 5

 혼합 계산이란?

덧셈, 뺄셈, 곱셈, 나눗셈이 섞여 있는 셈입니다.

이때, 곱셈과 나눗셈을 먼저 계산하고, 덧셈과 뺄셈을 그 다음에 계산합니다.

곱셈과 나눗셈, 덧셈과 뺄셈은 각각 앞에서부터 차례로 계산하면 됩니다.

> 덧셈이나 뺄셈이 괄호로 묶여 있다면
> 곱셈과 나눗셈보다 먼저 계산해야 합니다.

예제 1   혼합 계산

$$5 + 9 \div 3 \times 4$$

풀이   계산의 순서는 곱셈과 나눗셈을 먼저, 덧셈과 뺄셈을 나중에 합니다.

먼저 나온 나눗셈을 제일 먼저 하고, 그 다음에 나온 곱셈을 한 후, 마지막에 덧셈을 합니다.

$$5 + 9 \div 3 \times 4 = 17$$

TIPS 셈에서는 5가 제일 앞에 있지만, 덧셈이기 때문에 순서가 뒤로 밀립니다.

❶ $9 \div 3 = 3$ ➡ 가장 먼저 나온 나눗셈이라서 제일 먼저 계산합니다.

❷ $3 \times 4 = 12$ ➡ 그 다음 나온 곱셈을 두 번째로 계산합니다.
❶에서 계산한 결과인 3에 4를 곱합니다.

❸ $5 + 12 = 17$ ➡ 마지막으로 ❷의 결과인 12에 5를 더합니다.

정답   17

2 괄호가 있는 **혼합 계산**

$$75 - (8 + 3) \times 2$$

TIPS 괄호는 소괄호 ( ), 중괄호 { }, 대괄호 [ ]가 있습니다. 괄호가 여러 가지 섞여 있는 계산에서는 순서가 소괄호 → 중괄호 → 대괄호 순으로 합니다.

풀이 이번 문제에서는 **괄호식**이 있기 때문에, 덧셈이지만 괄호로 묶여 있는 $8 + 3$을 먼저 계산해야 합니다.

$$75 - (8 + 3) \times 2 = 53$$

❶ $(8 + 3) = 11$ ➡ 괄호식을 먼저 계산합니다.

❷ $11 \times 2 = 22$ ➡ 그 다음 나온 곱셈을 두 번째로 계산합니다.
❶에서 계산한 결과에 2를 곱합니다.

❸ $75 - 22 = 53$ ➡ 마지막으로 75에서 ❷의 결과인 22를 뺍니다.

정답 53

확인 Check!  자연수의 혼합 계산

계산 순서를 네모 안에 번호로 쓰고, 셈을 한 후 답을 구하세요.

1 $12 + 4 \times 6 \div 8$

☐ ☐ ☐

①

②

③

2 $125 - 2 \times (7 + 8) \div 6$

☐ ☐ ☐ ☐

①

②

③

④

풀이와 답

1. ① 가장 먼저 나온 곱셈인 4×6을 계산하고, ② 그 결과인 24에 다음 순서인 8로 나눕니다.
   ③ 마지막으로 12에 ②의 결과인 3을 더합니다.

2. ① 덧셈이지만 괄호로 묶여 있기 때문에 $(7 + 8)$을 먼저 계산합니다.
   ② 결과인 15에 앞에 있는 2를 곱합니다.
   ③ 그 다음, 뒤에 있는 6으로 나눕니다.
   ④ 마지막으로 125에서 ③의 결과를 뺍니다.

정답 : **1.** ③ ① ② | 15 / ① $4 \times 6 = 24$ / ② $24 \div 8 = 3$ / ③ $12 + 3 = 15$
2. ④ ② ① ③ | 120 / ① $7 + 8 = 15$ / ② $2 \times 15 = 30$ / ③ $30 \div 6 = 5$ / ④ $125 - 5 = 120$

메타인지 확인하기

1 곱셈과 덧셈의 관계에 대해 설명해 보세요.

2 나눗셈에서 몫과 나머지에 대해 설명해 보세요.

$$\square \div \triangle = \Diamond \cdots \, \stackrel{\wedge}{\approx}$$

3 다음 계산이 잘못된 곳이 왜 틀렸는지 설명하고, 바르게 고치세요.

①
```
      2 3 4 5
  ×     3 4 5
  1 1 7 2 5
    9 3 8 0
    7 0 3 5
  1 8 1 3 0
```

 사칙연산에서 자릿수를 맞춰야 합니다.

이유

②
```
          2 4 0
  16 ) 3 2 7 0 0
        3 2
        ─────
          7 0
          6 4
          ─────
            6
```

 사칙 연산에서는 자릿수를 맞춰야 합니다.

이유

메타인지 확인하기

정답

1 곱셈과 덧셈의 관계에 대해 설명해 보세요.

풀이

곱셈은 같은 수를 여러 번 더하는 것을 뜻합니다. 예를 들어 3 × 4는 3을 네 번 더하는 것과 같습니다.
3 × 4 = 3 + 3 + 3 + 3 = 12

💡**TIPS** 수가 커질수록 계속 더하는 것이 시간과 노력이 많이 듭니다. 그래서 곱셈을 잘 익혀두면
좀 더 효율적으로 계산을 할 수 있습니다. 이런 효율을 위해 구구단을 외워 두는 것이 좋습니다.

---

2 나눗셈에서 몫과 나머지에 대해 설명해 보세요.

풀이

□ ÷ △ = ◇ ⋯ ☆
나눗셈은 □에서 △만큼 ◇번 빼는 것을 의미합니다. 이때 ◇를 몫이라고 합니다.
그리고 ◇번 빼고 더 이상 △만큼 뺄 수 없는 수가 남았을 때 이것을 나머지(☆)라고 하는데,
나머지는 반드시 △보다 작아야 합니다.

---

3 다음 계산이 잘못된 곳이 왜 틀렸는지 설명하고, 바르게 고치세요.

풀이

①
```
        2 3 4 5
 ×        3 4 5
    1 1 7 2 5
    9 3 8 0 0
  7 0 3 5 0 0
    8 0 9 0 2 5
```

이유 이 셈은 자릿수를 맞추지 않아서 틀린 답이 나왔습니다.

⊖ 십의 자리인 4와 곱할 때는 왼쪽으로 한 자리를 옮겨야 합니다.
⊖ 백의 자리인 3과 곱할 때는 왼쪽으로 두 자리 옮겨야 합니다.

②
```
         2 0 4
 16) 3 2 7 0
     3 2
       7 0
       6 4
         6
```

이유 나누는 수의 십의 자리 숫자 7은 16보다 작아 나눌 수 없으므로
몫의 자리에 0을 쓰고 나누는 수의 일의 자리 숫자 0도 함께
내려 써야 합니다.

II 약수와 배수

약수란?

어떤 수를 나누어 떨어지게 하는 자연수를 그 수의 약수라고 합니다.

약수를 이용하면, 어떤 수를 더 작은 수로 쪼갤 수 있습니다.

> □의 약수 중,
> 가장 작은 수는 1, 가장 큰 수는 □입니다.
> 약수는 **나눗셈**으로 찾는 수입니다.

배수란?

어떤 정수와 다른 정수를 곱했을 때 나오는 수를 그 수의 배수라고 합니다.

즉, 어떤 수의 1배, 2배, 3배……한 수들입니다.

배수는 계속 곱하여 나오기 때문에 전부 나열할 수 없습니다.

> □의 배수 중
> 가장 작은 수는 □입니다.
> 배수는 **곱셈**으로 찾는 수입니다.

약수와 배수의 관계

$\square = a \times b$

$\square \div a = b$

$\square \div b = a$

□는 a와 b의 곱으로 이루어진 수일 때, □는 a와 b의 배수입니다.

□를 a로 나누면 b, □를 b로 나누면 a일 때, a와 b는 □의 약수입니다.

예제

1   **8의 약수**를 구하세요.

풀이   약수를 구하는 방법은 **나누어 떨어지는 수(방법1)**를 찾거나, **곱셈식(방법2)**을 이용하여 찾을 수 있습니다.

방법 1》 8을 나누어 약수를 구합니다. (나누어 떨어지는 몫을 찾습니다.)

$8 \div 1 = 8$

$8 \div 2 = 4$

$8 \div 3 = 2 \cdots 2$

$8 \div 4 = 2$ ➡ 1, 2, 4, 8은 8을 나누었을 때 나누어 떨어지는

$8 \div 5 = 1 \cdots 3$ 수입니다. 이것들은 8의 약수가 됩니다.

$8 \div 6 = 1 \cdots 2$

$8 \div 7 = 1 \cdots 1$

$8 \div 8 = 1$

방법 2》 곱셈식으로 8의 약수를 구합니다.

$1 \times 8 = 8$ ➡ 8을 곱셈으로 표현하면 위와 같은 식이 됩니다.

$2 \times 4 = 8$ 이때 1과 8, 2와 4는 8의 약수가 될 수 있습니다.

              8의 약수 중, 가장 작은 수는 1, 가장 큰 수는 8입니다.

TIPS 약수를 구할 때 같은 수의 곱은 한 번만 씁니다.

   예 **9의 약수**는 1, 3, 9입니다.

      $1 \times 9 = 9$

      $3 \times 3 = 9$ ➡ 3×3은 같은 수이므로, 한 번만 씁니다.

정답   1, 2, 4, 8

2 **3의 배수** 중 가장 작은 수부터 3개를 구하세요.

풀이 $3 \times 1 = 3$

$3 \times 2 = 6$ ❖ 3의 배수는 3의 1배, 2배, 3배...한 수인 3, 6, 9 ⋯ 입니다.

$3 \times 3 = 9$

…

TIPS 3의 배수 중 가장 작은 수는 3입니다. 배수는 계속 곱하여 나오기 때문에 전부 나열할 수 없습니다.

정답 3, 6, 9

3 $15 = 3 \times 5$에서 **약수와 배수의 관계를 설명**해 보세요.

풀이 15는 3과 5의 곱으로 이루어진 수입니다. 15는 3과 5의 배수입니다.

15를 3으로 나누면 몫이 5, 15를 5로 나누면 몫이 3입니다. 15를 나누어 떨어지게 하는 수 3과 5는 15의 약수입니다.

정답 15는 3과 5의 배수이고, 3과 5는 15의 약수입니다.

확인 Check!  약수와 배수

1 24**의 약수**를 모두 찾아 ○ 하세요.

1   2   3   4   5   6   7   8   9

10   12   14   16   18   20   22   24

2 빈칸에 6**의 배수**를 써넣으세요.

6, (   ), 18, 24, (   )

풀이와 답

1. 약수는 나누어 떨어지는 수를 구하는 것입니다.

① 나눗셈을 이용하여 약수를 구하는 법

$24 \div 1 = 24$
$24 \div 2 = 12$
$24 \div 3 = 8$
$24 \div 4 = 6$
$24 \div 6 = 4$
$24 \div 8 = 3$
$24 \div 12 = 2$
....
$24 \div 24 = 1$

② 곱셈식을 이용하여 약수를 구하는 법

$1 \times 24 = 24$
$2 \times 12 = 24$
$3 \times 8 = 24$
$4 \times 6 = 24$

2. 배수를 구할 때는 구하는 수의 1배, 2배, 3배... 하여 구합니다.
6의 배수를 구할 때, 구구단 6단을 외우면 쉽게 찾을 수 있습니다.

$6 \times 1 = 6$ $6 \times 2 = 12$
$6 \times 3 = 18$ $6 \times 4 = 24$
$6 \times 5 = 30$
.....

정답 : 1. 1, 2, 3, 4, 6, 8, 12, 24 **2.** 12, 30

 **개념 08** **공약수와 최대공약수**

공약수란?

서로 다른 두 수의 공통된 약수입니다.

최대공약수란?

서로 다른 두 수의 공약수 중에서 가장 큰 수입니다.

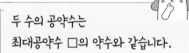 두 수의 공약수는
최대공약수 □의 약수와 같습니다.

예제

1 12와 18의 **공약수와 최대공약수**를 구하세요.

풀이 **방법 1≫** 먼저 12의 약수와 18의 약수를 각각 구합니다.

12의 약수 1, 2, 3, 4, 6, 12
18의 약수 1, 2, 3, 6, 9, 18
12와 18의 공약수(공통된 약수)는 1, 2, 3, 6입니다.
공약수 중, 가장 큰 수는 최대공약수로, 6입니다.

방법 2≫ **곱셈식**으로 찾습니다.

$12 = 2 \times 2 \times 3$
$18 = 2 \times 3 \times 3$
➡ 공통으로 들어가는 $2 \times 3 = 6$이 12와 18의 최대공약수
입니다.

방법 3≫ **공약수**로 나눕니다.

$$2) \underline{12 \quad 18}$$
$$3) \underline{\ 6 \quad\ 9}$$ ➡ $2 \times 3 = 6$이 12와 18의 최대공약수입니다.
$$\quad\ 2 \quad\ 3$$ ➡ 공약수가 1뿐이므로, 더 이상 나눌 수 없습니다.

TIPS 최대공약수 6의 약수는 12와 18의 공약수가 됩니다.

정답 공약수 : 1, 2, 3, 6   최대공약수 : 6

확인 Check!  공약수와 최대공약수

1 18과 54의 **공약수는 모두 몇 개입니까?**

2 27과 36의 **공약수와 최대공약수를** 구하세요.

풀이와 답

1. 18의 약수 : 1, 2, 3, 6, 9, 18
54의 약수 : 1, 2, 3, 6, 9, 18, 27, 54

◐ 두 수의 공통된 약수는 1, 2, 3, 6, 9, 18입니다.
18과 54의 공약수는 총 6개입니다.

2. 방법 1≫ 27과 36의 약수를 구합니다.
27의 약수 : 1, 3, 9, 27
36의 약수 : 1, 2, 3, 4, 6, 9, 12, 18, 36

두 수의 공통된 약수는 1, 3, 9입니다.
◐ 최대공약수는 공약수 중 가장 큰 수인 9입니다.

방법 2≫ $27 = 3 \times 3 \times 3$
$36 = 2 \times 2 \times 3 \times 3$

◐ 공통으로 들어가는 $3 \times 3 = 9$가 최대공약수입니다.

방법 3≫
$$\begin{array}{r} 3)\underline{27\quad 36} \\ 3)\underline{\;\,9\quad 12} \\ 3\quad\;\,4 \end{array}$$
◐ 최대공약수는 $3 \times 3 = 9$입니다.

💡TIPS 방법2와 방법3으로 구할 때, 공약수는 최대공약수 9의 약수를 구하면 그것이 27과 36의 공약수가 됩니다.

정답 : **1.** 6개 **2.** 공약수 : 1, 3, 9, 최대공약수 : 9

개념 09 공배수와 최소공배수

초등 5

공약수란?

서로 다른 두 수의 공통인 배수입니다

최소공배수란?

서로 다른 두 수의 공배수 중에서 가장 작은 수입니다.

두 수의 최소공배수 □의 배수는
두 수의 공배수와 같습니다.

예제 1 4와 6의 **공배수와 최소공배수**를 구하세요.

풀이 **방법 1》** 먼저 4의 배수와 6의 배수를 구합니다.

4의 배수 4, 8, 12, 16, 20, 24……
6의 배수 6, 12, 18, 24, 30, 36……

➡ 4와 6의 공배수(공통된 배수)는 12, 24……입니다. 공배수 중 가장 작은 최소공배수는 12입니다.

방법 2》 곱셈식으로 찾기

$4 = 2 \times 2$
$6 = 2 \times 3$

➡ $2 \times 2 \times 3 = 12$는 4와 6의 최소공배수입니다.

방법 3》 공약수로 나누기

$2)\overline{4 \quad 6}$
$\quad 2 \quad 3$

➡ $2 \times 2 \times 3 = 12$

TIPS 12의 배수는 4와 6의 공배수이기도 합니다.

정답 공배수 : 12, 24……   최소공배수 : 12

확인 Check!  **공배수와 최소공배수**

1 24와 40의 **공배수 중 가장 작은 수**부터 차례로 3개 쓰세요.

2 28과 42의 **최소공배수**를 구하세요.

풀이와 답

1. 24와 40의 공배수를 구하려면, 각각의 배수를 먼저 구합니다.
24의 배수 : 24, 48, 72, 96, 120, 144, 168, 192, 216, 240……
40의 배수 : 40, 80, 120, 160, 200, 240, 280……

➡ 24와 40의 공배수는 120, 240……으로, 120씩 커지는 수입니다. 가장 작은 수(최소공배수)부터 3개를 씁니다.

2. 방법 1≫ 28과 42의 배수를 먼저 구합니다.
28의 배수 : 28, 56, 84, 112, 140, 168……
42의 배수 : 42, 84, 126, 168, 210……

➡ 두 수의 공배수는 84, 168 ……로, 84씩 커지는 수입니다. 최소공배수는 84입니다.

방법 2≫ 곱셈식으로 찾기

$28 = 2 \times 2 \times 7$
$42 = 2 \times 3 \times 7$
➡ $2 \times 2 \times 3 \times 7 = 84$

방법 3≫ 공약수로 나누기

$$\begin{array}{r} 7\,)\underline{2842} \\ 2\,)\underline{46} \\ 23 \end{array}$$
➡ $7 \times 2 \times 2 \times 3 = 84$

정답 : **1.** 120, 240, 360 **2.** 84

1 다음은 약수에 대한 설명입니다. 빈칸에 알맞은 말을 써넣으세요.

어떤 수를 (   )를 약수라고 합니다. 약수를 이용하면, 어떤 수를 더 작은 수로 쪼갤 수 있습니다. □의 약수 중, 가장 작은 수는 (   ), (   )는 □입니다.

2 다음은 배수에 대한 설명입니다. 빈칸에 알맞은 말을 써넣으세요.

어떤 정수와 다른 정수를 (   ) 나오는 수를 그 수의 배수라고 합니다. 즉, 어떤 수의 1배, 2배, 3배……한 수들입니다. 배수는 계속 곱하여 나오기 때문에 전부 나열할 수 없습니다. □의 배수 중 (   )는 □입니다.

3 다음 식을 보고, 약수와 배수의 관계를 설명해 보세요.

$24 = 3 \times 8$
$24 \div 3 = 8$
$24 \div 8 = 3$

4 A와 B의 최대공약수가 8일 때, A와 B의 공약수를 구하세요.

5 C와 D의 최소공배수가 24일 때, C와 D의 공배수를 최소공배수를 빼고 제일 작은 수부터 3개를 구하세요.

메타인지 확인하기

1 **다음은 약수에 대한 설명입니다. 빈칸에 알맞은 말을 써넣으세요.**

어떤 수를 (나누어 떨어지게 하는 자연수) 를 약수라고 합니다. 약수를 이용하면, 어떤 수를 더 작은 수로 쪼갤 수 있습니다. □의 약수 중, 가장 작은 수는 (1), (가장 큰 수)는 □입니다.

2 **다음은 배수에 대한 설명입니다. 빈칸에 알맞은 말을 써넣으세요.**

어떤 정수와 다른 정수를 (곱했을 때) 나오는 수를 그 수의 배수라고 합니다. 즉, 어떤 수의 1배, 2배, 3배……한 수들입니다. 배수는 계속 곱하여 나오기 때문에 전부 나열할 수 없습니다. □의 배수 중 (가장 작은 수)는 □입니다.

3 **다음 식을 보고, 약수와 배수의 관계를 설명해 보세요.**

$24 = 3 \times 8$
$24 \div 3 = 8$
$24 \div 8 = 3$

풀이

24는 3과 8의 곱으로 이루어진 수이므로, 24는 3과 8의 배수입니다.
24를 3으로 나누면 8, 24를 8로 나누면 3이므로, 3과 8은 24의 약수입니다.

4 **A와 B의 최대공약수가 8일 때, A와 B의 공약수를 구하세요.**

풀이

A와 B의 최대공약수 8의 약수는 A와 B의 공약수와 같습니다.
즉 최대공약수 8의 약수가 A와 B의 공약수가 됩니다.
8의 약수 : 1, 2, 4, 8

5 **C와 D의 최소공배수가 24일 때, C와 D의 공배수를 최소공배수를 빼고 제일 작은 수부터 3개를 구하세요.**

풀이

C와 D의 최소공배수인 24의 배수는 C와 D의 공배수와 같습니다.
즉 최소공배수 24의 배수가 C와 D의 공배수가 됩니다.
24의 배수 : 24, 48, 72, 96……
최소공배수인 24를 제외한 제일 작은 수는 48, 72, 96입니다.

개념 10 소수

 소수란?

자연수에서 1보다 작은 자릿값으로 표현한 수입니다.

소수도 십진법으로 수 체계가 이루어집니다. 소수점은 자연수 부분과 소수 부분을 구분합니다. 소수를 읽을 때는 자릿값을 붙이지 않습니다.

예 123.456 '백이십삼 점 사오육'

소수점을 기준으로 왼쪽의 수는 자연수, 오른쪽의 수는 소수입니다.

자연수는 자릿값을 붙여서 읽고 소수는 자릿값을 붙이지 않고 읽습니다.

0.1이 10개이면 1입니다.

➡ $0.1 \times 10 = 1$

0.01이 10개이면 0.1입니다.

➡ $0.01 \times 10 = 0.1$

0.001이 10개이면 0.01입니다.

➡ $0.001 \times 10 = 0.01$

이와 같이 10배가 되면
소수점이 오른쪽으로 한 칸 이동합니다.
반대로 0.1배가 되면
소수점이 왼쪽으로 한 칸 이동합니다.

소수의 크기 비교

자연수와 마찬가지로 자릿수끼리 비교하는데, 높은 자리부터 같은 자리 숫자끼리 비교합니다. 소수점 첫째 자리의 숫자가 같다면, 그 다음 자리를 비교합니다. 자릿수의 크기는 왼쪽으로 갈수록 커집니다.

예 $0.3 < 0.5$

$0.08 > 0.009$

$1.63 < 1.6301$

예제 1

빈칸에 **알맞은 수**를 쓰세요.

| 0.06 | — | ① | — | 0.08 | — | 0.09 | — | ② |

풀이 주어진 소수는 0.01씩 커지고 있습니다.

따라서 ①은 0.06보다 0.01이 큰 0.07, ②는 0.09보다 0.01이 큰 0.1이 들어갑니다.

정답 ① 0.07   ② 0.1

예제 2

다음 소수들을 **큰 순서대로** 다시 쓰세요.

1.08   1.008   0.08   1.8   0.18

풀이 숫자가 비슷해 보이지만, 소수점을 기준으로 자릿수를 잘 살펴야 합니다.

자연수 1이 있는 1.08, 1.008, 1.8은 다른 0.08, 0.18보다 큽니다.

소수점을 기준으로 소수 첫째 자리가 0인 1.08, 1.008과 8인 1.8을 비교하면,

1.8이 큽니다.

1.08과 1.008은 소수 첫째 자리가 같지만, 소수 둘째 자리가 8인 1.08과 0인 1.008을

비교하면 1.08이 1.008보다 큽니다.

0.08과 0.18을 비교하면, 소수 첫째 자리가 각각 0과 1이기 때문에 0.18이 0.08보다

큽니다.

1.8 > 1.08 > 1.008 > 0.18 > 0.08이 됩니다.

정답 1.8, 1.08, 1.008, 0.18 ,0.08

확인 Check!  소수

1 다음 수를 구하세요.

① 1.5보다 0.2 큰 수 → ☐

② 1.5보다 0.02 큰 수 → ☐

③ 0.01이 58개이면 ☐ 입니다.

④ 4.8은 0.1이 ☐ 개인 수입니다.

2 1부터 9까지의 숫자 중 ☐ 안에 들어갈 수 있는 것을 모두 구하세요.

$2.63 < 2.\boxed{}1$

풀이와 답

1. ①

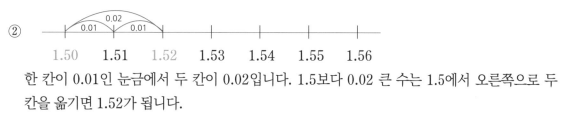

한 칸이 0.1인 눈금에서 두 칸이 0.2입니다. 1.5보다 0.2 큰 수는 1.5에서 오른쪽으로 두 칸을 이동하면 1.7이 됩니다

②

한 칸이 0.01인 눈금에서 두 칸이 0.02입니다. 1.5보다 0.02 큰 수는 1.5에서 오른쪽으로 두 칸을 옮기면 1.52가 됩니다.

③ 0.01이 10개이면 10배가 되므로 0.01에서 소수점이 오른쪽으로 한 칸 이동합니다. 0.01이 10개이면 0.1입니다.

0.01이 50개이면 0.5가 되고, 0.01이 8개이면 0.08입니다. 즉 0.01이 58개이면 0.58이 됩니다.

④ 0.1이 10개이면 1입니다. 4.8에서 4는 0.1이 40개이고, 0.8은 0.1이 8개임을 알 수 있습니다.

2. 2.63과 2.☐1을 비교하여 2.☐1이 더 크려면 자연수 부분은 2로 같으므로 소수 첫째 자리 6과 ☐를 비교합니다. ☐는 6보다 커야 하므로, 1부터 9까지 중 들어갈 수 있는 수는 7, 8, 9 세 개입니다. 소수 둘째 자리가 3과 1이므로 ☐에 6이 들어가면 식이 성립하지 않습니다.

정답 : 1. ① 1.7 ② 1.52 ③ 0.58 ④ 48 **2.** 7, 8, 9

개념 11 **소수의 덧셈과 뺄셈**

초등 4

소수의 덧셈과 뺄셈

자연수의 계산과 기본적인 원리는 같습니다.
소수점 자리를 맞춰 계산하되, 받아올림이나 받아내림이 있는 경우도 있으니
계산에 주의하세요.

소수의 계산은
소수점 자리를 맞춰 하는 것이 중요합니다.

예제

1 $4.3 + 2.5$

풀이 소수점 기준 왼쪽의 자연수 4와 2의 합, 오른쪽의 소수 첫째 자리인 3과 5의 합을 자
릿값에 맞춰 더합니다.

        ↓ 소수점
        4.3   ❷ 4 + 0.3
      + 2.5   ❷ 2 + 0.5
      ─────
        6.8   ❷ 6 + 0.8 = 6.8

              └─▶ 자연수의 합
              └─▶ 소수점 자리 맞추기
              └─▶ 소수의 합

정답   6.8

예제
2   8.7 − 3.4

풀이 소수점 기준 왼쪽의 자연수 8와 3의 차, 오른쪽의 소수 첫째 자리 7과 4의 차를 자리
값에 맞춰 뺍니다.

↓ 소수점
8.7   ● 8 + 0.7
− 3.4   ● 3 + 0.4
─────────
5.3   ● 5 + 0.3 = 5.3

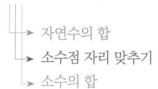
↳ 자연수의 합
↳ 소수점 자리 맞추기
↳ 소수의 합

정답 5.3

 확인 Check!  소수의 덧셈과 뺄셈

1 $13.7 + 0.43$

2 $4 - 0.89$

 풀이와 답

💡TIPS 소수점을 기준으로 계산하는 것에 주의합니다.

1.

$$\begin{array}{r} \boxed{1} \\ 13.70 \\ +\ \ 0.43 \\ \hline 14.13 \end{array}$$

➡ 빈자리는 0이 있는 것과 같습니다.
➡ 소수 첫째 자리인 7과 4의 합에서 받아올림이 있습니다.

2. 4에서 0.89를 빼는 셈에서 계산을 편하게 하기 위해 4를 4.00으로 표현할 수 있습니다.

$$\begin{array}{r} \boxed{9} \\ \boxed{3}\ \boxed{10}\ \boxed{10} \\ 4.00 \\ -\ \ 0.89 \\ \hline 3.11 \end{array}$$

➡ 두 번의 받아내림이 필요한 계산입니다.
➡ 빈자리에 0을 채우고 계산하면 실수하지 않을 수 있습니다.

정답 : **1.** 14.13 **2.** 3.11

 초등 5

개념 12  소수의 곱셈

소수의 곱셈

곱하는 소수의 자리만큼 소수점을 이동하는 것에 주의합니다.

소수의 곱셈은 자연수의 곱셈과 달리, 결과가 항상 커지지만은 않습니다.

> 곱하는 수가 1보다 작으면,
> 곱셈의 결과가 작아집니다.

예제 1

$$1.23 \times 4$$

풀이 처음 계산할 때는 자연수의 곱셈과 같은 방법으로 합니다.

그런 다음, 곱셈의 결과에서 곱하는 수의 소수의 자리 만큼 소수점을 **왼쪽**으로 두 자리 이동합니다.

```
    1 2 3              1 . 2 3
  ×     4            ×       4
  ─────────          ─────────
    1 2                1 2
    8 0                8 0
  4 0 0              4 0 0
  ─────────          ─────────
  4 9 2              4.9 2.
```

➡ 소수점 아래 두 자리이므로, 결과에서 소수점을 왼쪽으로 두 자리 이동합니다.

정답 4.92

예제

2 2.17×0.38

풀이   처음 계산할 때는 자연수의 곱셈과 같은 방법으로 합니다.

곱하는 수의 소수 자리는 총 네 자리이므로, 마지막 결과에서 소수점을 왼쪽으로

네 자리 이동해야 합니다. 이 셈은 곱하는 수(0.38)가 1보다 작으므로, 곱셈의 결과는

오히려 작아집니다.

```
      2  1  7                →              2. 1  7    ➔ 소수 두 자리
×        3  8                          ×        0. 3  8    ➔ 소수 두 자리
   1  7  3  6    ➔ 217 × 8           1  7  3  6
   6  5  1  0    ➔ 217 × 30          6  5  1  0
   8  2  4  6                         0. 8  2  4  6.    ➔ 소수 네 자리
```

정답   0.8246

확인 Check!  **소수의 곱셈**

1 8.17×4.5

2 30.66×0.59

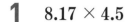 **풀이와 답**

💡 **TIPS** 곱하는 소수의 자릿수만큼 소수점을 이동하는 것에 주의합니다.

1. 이 문제는 817×45로 계산하고, 소수의 자리가 총 세 자리이므로 소수점을 왼쪽으로 세 자리 이동합니다.

$$
\begin{array}{r}
817 \\
\times \quad 45 \\
\hline
4085 \\
32680 \\
\hline
36.765
\end{array}
$$

    ➡ 817×5
    ➡ 817×40
    ➡ 소수점을 **왼쪽**으로 **세 자리** 이동합니다.

2. 이 문제는 3066×59로 계산하고, 소수의 자리가 총 네 자리이므로 소수점을 왼쪽으로 네 자리 이동합니다.

$$
\begin{array}{r}
3066 \\
\times \quad 59 \\
\hline
27594 \\
153300 \\
\hline
18.0894
\end{array}
$$

    ➡ 3066×9
    ➡ 3066×50
    ➡ 소수점을 **왼쪽**으로 **네 자리** 이동합니다.

정답 : 1. 36.765   **2.** 18.0894

개념 13 소수의 나눗셈

 초등 6

 소수의 나눗셈

소수의 곱셈처럼 자연수로 만들어서 계산하면 편리합니다.

나누어지는 수와 나누는 수에 같은 수를 곱해도 몫이 변하지 않습니다.

나누는 수가 1보다 작은 경우,
몫은 나누어지는 수보다 커집니다.

 나머지

소수의 나눗셈에서 나머지의 소수점은 나누어지는 수의 처음 소수점의 위치와 같은 것에 주의합니다.

예 $5.82 \div 1.7 = 3.4 \cdots 0.04$

$$
\begin{array}{r}
3.4 \\
1.7{\overline{\smash{\big)}\,5.8\,2}} \\
5\;1 \\
\hline
7\;2 \\
6\;8 \\
\hline
0.0\;4
\end{array}
$$

● $47 \times 3 = 51$

● $17 \times 4 = 68$

검산하기

$5.82 \div 1.7 = 3.4 \cdots 0.04$

→ $5.82 = 3.4 \times 1.7 + 0.04$

몫 반올림하기

소수의 나눗셈에서는 몫을 자연수 부분까지 구하기도 하지만, 소수로 나타낼 수도 있습니다. 이런 경우, 나머지가 계속해서 나오고 계산이 이어지면 반올림을 활용하여 몫을 어림수로 나타낼 수 있습니다.

$$
\begin{array}{r}
8.833\!\!\!\not3 \\
0.6\,\overline{)\,5.3} \\
4\,8 \qquad \\
\overline{5\,0} \\
4\,8 \qquad \\
\overline{2\,0} \\
1\,8 \qquad \\
\overline{2\,0} \\
1\,8 \qquad \\
\overline{2}
\end{array}
$$

➡ $6 \times 8 = 48$

➡ $6 \times 8 = 48$

➡ $6 \times 3 = 18$

➡ $6 \times 3 = 18$

예 $5.3 \div 0.6 = 8.8333 \cdots$

이 나눗셈은 0을 붙여서 계속 셈을 이어가더라도, 끝이 나지 않습니다. 이 나눗셈의 몫을 나타낼 때는 '약'과 함께 어림수로 씁니다. 소수 셋째 자리의 3을 버림하여, '약 8.83'으로 나타낼 수 있습니다. 몫을 소수 첫째 자리까지 나타낼 경우에는 소수 둘째 자리의 3을 버림하여 '약 8.8'이라고 나타낼 수 있습니다.

TIPS 반올림
반올림할 자리가 0, 1, 2, 3, 4면 버림을 5, 6, 7, 8, 9면 올림을 합니다.

예제

1 $10.6 \div 0.4$

풀이 이 문제는 나누는 수와 나누어지는 수가 모두 소수 한 자리 수이기 때문에 똑같이 10을 곱해서 자연수를 만들어 계산합니다.

$$
\begin{array}{r}
0.4\,\overline{)10.6} \quad \rightarrow \quad 4\,\overline{)106.0}
\end{array}
$$

$$
\begin{array}{r}
26.5 \\
4\,\overline{)106.0} \\
\underline{8} \\
26 \\
\underline{24} \\
2\,0 \\
\underline{2\,0} \\
0
\end{array}
$$

➡ $4 \times 2 = 8$

➡ $4 \times 6 = 24$

➡ 나누어지는 수의 소수 끝자리에 0을 붙여 계산을 이어갑니다.

➡ $4 \times 5 = 20$

검산하기

$10.6 \div 0.4 = 26.5$

$10.6 = 26.5 \times 0.4$

정답 26.5

예제 2

$$3.75 \div 1.5$$

풀이   나누는 수가 자연수가 되도록 나누어지는 수와 나누는 수에 같은 수($\times 10$)를 곱합니다. 그리고 나누어지는 수의 옮긴 소수점과 같은 위치에 몫의 소수점을 찍습니다.

$$
\begin{array}{r}
2.5 \\
1.5\,)\overline{3.7\,5} \\
\underline{3\,0} \\
7\,5 \\
\underline{7\,5} \\
0
\end{array}
$$

    ● $15 \times 2 = 30$

    ● $15 \times 5 = 75$

검산하기

$3.75 \div 1.5 = 2.5$

$3.75 = 2.2 \times 1.5$

정답   2.5

확인 Check!　　소수의 나눗셈

1　　$1.14 \div 0.6$

2　　$21.7 \div 6$

풀이와 답

1. **나누는 수가 자연수가 되도록** 나누어지는 수는 10을 곱합니다.

$$
\begin{array}{r}
1.9 \\
6\,)\overline{11.4} \\
\underline{6} \\
5\ 4 \\
\underline{5\ 4} \\
0
\end{array}
$$

➡ $6 \times 1 = 6$

➡ $6 \times 9 = 54$

2. **나누는 수가 자연수이기 때문에** 그대로 계산하면 됩니다. 몫의 소수점 자리에 주의합니다.

$$
\begin{array}{r}
3.6\,\overset{2}{1}\,6 \\
6\,)\overline{21.7\,0\,0} \\
\underline{18} \\
3\ 7 \\
\underline{3\ 6} \\
1\ 0 \\
\underline{6} \\
4\ 0 \\
\underline{3\ 6} \\
4 \\
\vdots
\end{array}
$$

➡ 소수 셋째 자리가 6이므로 올림합니다.

➡ $6 \times 3 = 18$

➡ $6 \times 6 = 36$

➡ 나누어지는 수의 소수 끝자리에 0을 붙여 계산을 이어갑니다.

➡ $6 \times 1 = 6$

➡ $6 \times 6 = 36$

정답 : 1. 1.9 **2.** 약 3.62

메타인지 확인하기

1 다음 숫자를 자연수 부분과 소수 부분을 구분하고, 바르게 읽어 보세요.

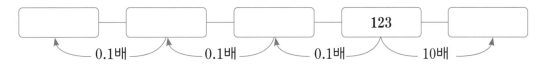

TIPS 소수점을 기준으로 왼쪽이 자연수, 오른쪽이 소수입니다.
자연수는 자릿값을 붙여서 읽지만, 소수는 자릿값을 붙이지 않고 숫자만 읽는 것에 주의합니다.

① 35.816
② 743.74
③ 8.1597

2 빈칸에 알맞은 숫자를 써넣으세요.

| | | | 123 | |

0.1배 — 0.1배 — 0.1배 — 10배

3 다음 계산이 잘못된 곳이 왜 틀렸는지 설명하고 바르게 고치세요.

힌트 소수점에 주의합니다

① 2.67 + 1.1 = 2.78   **이유**

② 0.25 × 3.4 = 8.5   **이유**

③ 6.12 ÷ 0.4 = 1.53   **이유**

정답

메타인지 확인하기

1 다음 숫자를 자연수 부분과 소수 부분을 구분하고, 바르게 읽어 보세요.

① 35.816   ⊜ 자연수 35, 소수 816 | 삼십오 점 팔일육
② 743.74   ⊜ 자연수 743, 소수 74 | 칠백 사십삼 점 칠사
③ 8.1597   ⊜ 자연수 8, 소수 1597 | 팔 점 일오구칠

2 빈칸에 알맞은 숫자를 써넣으세요.

| 0.123 | 1.23 | 12.3 | 123 | 1230 |

0.1배   0.1배   0.1배   10배

💡TIPS 0.1배를 할수록 소수점이 오른쪽으로 한 자리씩 이동합니다.

3 다음 계산이 잘못된 곳이 왜 틀렸는지 설명하고 바르게 고치세요.

①
```
    2.67
+   1.1
─────────
    3.77
```
이유 소수점을 맞춰서 덧셈을 해야 하는데,
소수점을 맞추지 않고 계산했습니다.

②
```
     2 5
×    3 4
─────────
   1 0 0
   7 5
─────────
   8 5 0   ➡ 0.850
```
이유 곱하는 소수의 자리만큼 소수점을 이동해야 합니다.
곱하는 소수가 세 자리이므로 소수점을 왼쪽으로
세 자리 이동하지 않았습니다.

💡TIPS 소수는 맨 끝자리 0을 지울 수 있기 때문에 답은 0.85입니다.

③
```
           1 5.3
    0.4)6.1.2
         4
       ─────
         2 1
         2 0
       ─────
           1 2
           1 2
       ─────
             0
```
➡ 4 × 1 = 4
➡ 4 × 5 = 20
➡ 4 × 3 = 12

이유 나누는 수를 자연수로 만들기 위해 나누어지는
수와 함께 10을 곱합니다. 소수점이 이동했기
때문에 몫을 구할 때도 소수점을 맞춰야 하는데,
그러지 않았습니다.

Ⅳ 분수의 사칙연산

개념 14 분수

초등 3, 4, 5

분수란?

사실 자연수 사이 무수히 많은 수들이 존재합니다. 이러한 수를 표시할 수 있는 것에는 앞서 배운 소수 뿐 아니라 분수도 있습니다.

예를 들어 피자 한 판을 자연수 1이라고 했을 때, 네 명이 나눠 먹는다고 하면, 피자를 모양과 크기가 같게 4등분하여 4조각으로 나눕니다. 이 4조각을 수로 나타낼 수 있는 것이 바로 분수입니다.

1 ⇒ 그 중 한 조각

4 ⇒ 전체 4조각

이때, 4를 '분모', 1을 '분자'라고 합니다.

$$분수 = \frac{분자(부분)}{분모(전체)}$$

분수의 종류

① 진분수 : 분자가 분모보다 작은 분수 (분자<분모 → 1보다 작은 분수)
  • 단위분수 : 진분수 중 분자가 1인 분수를 특별히 단위분수라고 합니다.
② 가분수 : 분자가 분모와 같은 분수(분자＝분모 → 1과 크기가 같은 분수) 또는 분자가 분모보다 큰 분수 (분자>분모 → 1보다 큰 분수)
③ 대분수 : 자연수와 진분수의 합으로 이루어진 분수로, 가분수를 대분수로 바꿀 수 있습니다. 분수의 크기를 서로 비교하거나 연산할 때 필요합니다.

분자와 분모에 0이 아닌
같은 수를 곱하거나 나누어도
분수의 크기에는 변화가 없습니다.

분수와 소수의 관계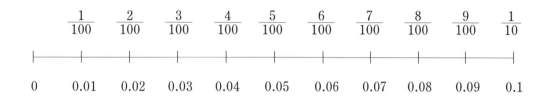

1을 10으로 나누면 0.1이 됩니다.

1을 10등분한 것 중 하나는 $\frac{1}{10}$ 입니다.

1을 10으로 나눈 것과 10등분한 것은 같은 값이므로, $0.1 = \frac{1}{10}$ 입니다.

분모가 10인 분수는 소수 한 자리의 수, 분모가 100인 분수는 소수 두 자리의 수로 나타낼 수 있습니다.

| $\frac{1}{100}$ | $\frac{2}{100}$ | $\frac{3}{100}$ | $\frac{4}{100}$ | $\frac{5}{100}$ | $\frac{6}{100}$ | $\frac{7}{100}$ | $\frac{8}{100}$ | $\frac{9}{100}$ | $\frac{1}{10}$ |

| 0 | 0.01 | 0.02 | 0.03 | 0.04 | 0.05 | 0.06 | 0.07 | 0.08 | 0.09 | 0.1 |

분수를 소수로 나타내기

$\frac{27}{100}$ 은 $\frac{1}{100}$ 이 27개입니다. $\frac{1}{100}$ 은 0.01이므로 0.01이 27개인 것과 같습니다.

따라서, $\frac{27}{100}$ 은 0.27로 나타낼 수 있습니다.

$2\frac{491}{1000}$ 은 $\frac{1}{1000}$ 이 2000개와 491개가 모인 수입니다. 이것은 0.001이 2491개인 것과

같습니다. 따라서 $2\frac{491}{1000}$ 은 2.491로 나타낼 수 있습니다.

예제 1

다음 분수 중 진분수는 □, 가분수는 △, 대분수는 ○하세요.

$$\frac{1}{5} \qquad \frac{7}{4} \qquad 1\frac{3}{8} \qquad \frac{5}{9} \qquad \frac{6}{6} \qquad 3\frac{2}{7}$$

풀이 진분수는 분자 < 분모인 분수입니다 : $\frac{1}{5}$, $\frac{5}{9}$

가분수는 분자 ≧ 분모인 분수입니다 : $\frac{7}{4}$, $\frac{6}{6}$

대분수는 왼쪽에 자연수가 있는 분수입니다.

모양을 보고 쉽게 찾을 수 있습니다 : $1\frac{3}{8}$, $3\frac{2}{7}$

정답 $\boxed{\frac{1}{5}}$ $\boxed{\frac{5}{9}}$

예제 2

다음 **가분수를 대분수**로, **대분수를 가분수**로 바꾸세요.

① $\frac{24}{5}$ ② $2\frac{2}{9}$

풀이 ① 가분수를 대분수로 바꿀 때는 '분자÷분모=몫(자연수)… 나머지(분자)'가 됩니다.

$$24(분자) \div 5(분모) = 4(몫) \cdots 4(나머지)$$

② 대분수를 가분수로 바꿀 때는 '$\frac{자연수 \times 분모 + 분자}{분모}$'입니다.

$$\overset{\text{자연수 \quad 분모 \quad 분자}}{\underset{9분모}{②×⑨+②}} = \frac{20}{9}$$

정답 ① $4\frac{4}{5}$ ② $\frac{20}{9}$

확인 Check!    분수

1 다음 분수들을 **크기가 작은 순서대로 나열**하세요.

$$2\frac{1}{4} \qquad \frac{11}{4} \qquad \frac{3}{4}$$

2 다음 **가분수를 대분수로, 대분수를 가분수로** 바꾸세요.

① $\frac{117}{8}$ ② $8\frac{5}{6}$

풀이와 답

1. 분수의 크기를 비교하기 위해 먼저 대분수를 가분수로 바꿉니다.

$$2\frac{1}{4} = \frac{2 \times 4 + 1}{4} = \frac{9}{4}$$

$\frac{9}{4}$, $\frac{11}{4}$, $\frac{3}{4}$ 은 분모가 같은 세 분수이므로, 분자의 크기를 비교합니다.

작은 순서대로 쓰면 $\frac{3}{4}$, $\frac{9}{4}$, $\frac{11}{4}$ 입니다.

2. ① $\frac{117}{8}$ 은 분자가 분모보다 큰 가분수로, 대분수로 바꾸려면

'분자 ÷ 분모' = 117 ÷ 8 = 14⋯3입니다. 이때, 몫은 대분수의 자연수, 나머지는 분자가 됩니다.

② $8\frac{5}{6}$ 는 왼쪽에 자연수 부분이 있는 대분수입니다.

$$\frac{8 \times 6 + 5}{6} = \frac{53}{6}$$

정답 : **1.** $\frac{3}{4}$, $2\frac{1}{4}$, $\frac{11}{4}$ **2.** ① $14\frac{3}{8}$, ② $\frac{53}{6}$

개념 15 약분과 통분

약분이란?

분모와 분자를 0이 아닌 같은 수(분모와 분자의 1을 제외한 공약수)로 나누어 간단히 하는 것입니다.

분모와 분자의 최대공약수로 나누면 한번에 기약분수가 됩니다.

약분할 때는 더 이상 나눠지지 않는지 확인해야 합니다.

> 기약분수 : 공약수가 1뿐이어서 더 이상 약분할 수 없는 분수

통분이란?

분모가 다른 분수들의 분모를 같게 하는 것입니다. 이때 분모와 분자에 각각 0이 아닌 같은 수를 곱하여 분수의 크기가 변하지 않도록 해야 하는데, 이렇게 같은 수가 된 분모를 공통분모라고 합니다.

통분은 분모의 곱이나 분모의 최소공배수를 공통분모로 할 수 있습니다.

> 공통분모 = 같은 수로 만들어 준 분모
> 공통분모는 분모들의 공배수이며 공통분모의 가장 작은 수는 최소공배수입니다.

예제

1 다음 분수를 **약분**하여 기약분수로 나타내세요.

① $\dfrac{15}{20}$

② $\dfrac{45}{108}$

풀이 분모와 분자의 최대공약수로 나누면 한번에 기약분수가 됩니다.

① 분모 20과 분자 15의 최대공약수를 구합니다.

$$\begin{array}{r|cc} 5 & 15 & 20 \\ \hline & 3 & 4 \end{array}$$ ● 최대공약수는 5입니다.

분모와 분자를 최대공약수 5로 나눕니다.

$$\dfrac{\overset{3}{\cancel{15}}}{\underset{4}{\cancel{20}}} = \dfrac{3}{4}$$

② 분모 108과 분자 45의 최대공약수를 구합니다.

$$\begin{array}{r|cc} 3 & 45 & 108 \\ \hline 3 & 15 & 36 \\ \hline & 5 & 12 \end{array}$$ ● 최대공약수는 9입니다.

분모와 분자를 최대공약수 9로 나눕니다.

$$\dfrac{\overset{5}{\cancel{45}}}{\underset{12}{\cancel{108}}} = \dfrac{5}{12}$$

정답 ① $\dfrac{3}{4}$ ② $\dfrac{5}{12}$

2
다음 분수를 **통분**하세요.

$$\frac{2}{3} \qquad\qquad \frac{3}{4} \qquad\qquad \frac{5}{6}$$

풀이 분모 3, 4, 6의 최소공배수를 구합니다. 이것은 세 분수의 공통분모가 됩니다.

3의 배수 : 3, 6, 9, 12, 15, 18, 21, 24…

4의 배수 : 4, 8, 12, 16, 20, 24, 28…

6의 배수 : 6, 12, 18, 24, 30, 36, 42…

세 수의 공배수는 12, 24…이고, 최소공배수는 12입니다.

세 분수는 공통분모 12가 되도록 분모와 분자에 같은 수를 곱합니다.

$$\frac{2\times4}{3\times4}=\frac{8}{12} \qquad \frac{3\times3}{4\times3}=\frac{9}{12} \qquad \frac{5\times2}{6\times2}=\frac{10}{12}$$

정답 $\dfrac{8}{12}$ $\dfrac{9}{12}$ $\dfrac{10}{12}$

확인 Check!  약분과 통분

1 다음 **분수를 약분**하여 기약분수로 나타내세요.

① $\dfrac{60}{144}$

② $\dfrac{28}{91}$

2 다음 **세 분수의 크기를 비교**하여 큰 순서대로 차례대로 쓰세요.

$\dfrac{3}{4}$

$\dfrac{5}{8}$

$\dfrac{1}{16}$

풀이와 답

1. ① 분모 144와 분자 60의 최대공약수를 구합니다. 최대공약수는 12입니다.

$\dfrac{60}{144}$ 을 약분하려면 분모와 분자를 최대공약수인 12로 나눕니다. $\dfrac{60 \div 12}{144 \div 12} = \dfrac{5}{12}$

② 분모 91와 분자 28의 최대공약수를 구합니다. 최대공약수는 7입니다.

$\dfrac{28}{91}$ 을 약분하려면 분모와 분자를 최대공약수인 7로 나눕니다. $\dfrac{28 \div 7}{91 \div 7} = \dfrac{4}{13}$

2. 분모가 다른 세 분수의 크기를 비교할 때는 통분을 해야 합니다. 세 분수를 통분하려면 분모 4, 8, 16의 최소공배수를 구합니다. 최소공배수는 16이고, 세 분수의 공통분모는 16입니다. 마지막 $\dfrac{1}{16}$ 은 이미 공통분모를 가진 분수이므로 그대로 둡니다.

$\dfrac{3}{4} \rightarrow \dfrac{3 \times 4}{4 \times 4} = \dfrac{12}{16}$ $\dfrac{5}{8} \rightarrow \dfrac{5 \times 2}{8 \times 2} = \dfrac{10}{16}$

$\dfrac{12}{16} > \dfrac{10}{16} > \dfrac{1}{16} \rightarrow \dfrac{3}{4} > \dfrac{5}{8} > \dfrac{1}{16}$

정답 : 1. ① $\dfrac{5}{12}$ ② $\dfrac{4}{13}$ 2. $\dfrac{3}{4}$, $\dfrac{5}{8}$, $\dfrac{1}{16}$

개념 16 ⦿⦿ **분수의 덧셈과 뺄셈**

초등 4, 5

분수의 덧셈과 뺄셈

분모는 그대로 두고, 분자끼리 셈을 하고, 셈을 한 결과는 약분을 하여 기약분수로 나타냅니다.
분모가 같으면 통분할 필요 없이 분자끼리 셈을 하고, 분모가 다르면 분모가 같아지도록
통분을 먼저 하고 셈을 합니다.

> 통분이란?
> 분모가 다른 분수들의 분모를 같게 하는 것
> 개념15 참고(66쪽)

예제

1 **분모가 같은** 경우

① $\dfrac{2}{7} + \dfrac{3}{7}$

② $4\dfrac{9}{10} - 2\dfrac{7}{10}$

풀이 ① $\dfrac{2+3}{7} = \dfrac{5}{7}$

↳ 분모가 같은 분수의 합이므로, 분모는 그대로 두고, 분자끼리 더합니다.

② $(4-2) + \dfrac{9-7}{10} = 2 + \dfrac{2}{10} = 2\dfrac{2}{10} = 2\dfrac{1}{5}$

➡ 대분수의 셈은 자연수끼리, 분수끼리 합니다.

약분하여 기약분수로 나타냅니다.

정답 ① $\dfrac{5}{7}$ ② $2\dfrac{1}{5}$

예제

2   **분모가 다른** 경우

$$\frac{2}{5} + \frac{3}{7}$$

풀이 분모가 다르면, 분모가 같아지도록 통분을 해야 합니다. 각 분모들의 최소공배수로 통분합니다.

5와 7의 최소공배수는 35입니다. 공통분모 35가 되기 위해 분자에 같은 수를 곱해 줍니다.

$$\frac{2 \times 7}{5 \times 7} + \frac{3 \times 5}{7 \times 5} = \frac{14}{35} + \frac{15}{35} = \frac{29}{35}$$

정답 $\dfrac{29}{35}$

3 받아올림이 있는 경우

$$\frac{5}{6} + \frac{1}{4}$$

풀이 분수의 셈에서 **받아올림**은 분자에서 분모만큼을 올려서 자연수가 1이 커지는 것입니다.

$$\frac{5}{6} + \frac{1}{4} = \frac{5 \times 2}{6 \times 2} + \frac{1 \times 3}{4 \times 3}$$ ● 두 분모의 최소공배수로 통분합니다.

$$= \frac{10}{12} + \frac{3}{12} = \frac{13}{12}$$ ● 결과가 가분수이므로 대분수로 바꿔 줍니다.

$$= 1\frac{1}{12}$$ ● 자연수 1만큼 받아올림이 있습니다.

정답 $1\frac{1}{12}$

4 받아내림이 있는 경우

$$5\frac{4}{21} - 1\frac{9}{14}$$

풀이 분수의 셈에서 **받아내림**은 자연수에서 1을 받아내려 분자에 분모만큼 더해 주는 것입니다.

$$5\frac{4}{21} - 1\frac{9}{14} = 5\frac{4 \times 2}{21 \times 2} - 1\frac{9 \times 3}{14 \times 3}$$ ● 두 분모의 최소공배수로 통분합니다.

$$= 5\frac{8}{42} - 1\frac{27}{42}$$ ● 분자 8에서 분자 27을 뺄 수 없으므로 받아내림을 합니다.

$$= 4\frac{8 + 42}{42} - 1\frac{27}{42}$$ ● 자연수는 1만큼 줄어들고, 분자에 분모만큼 더해 주는 받아내림입니다.

$$= (4 - 1) + \frac{50 - 27}{42} = 3\frac{23}{42}$$

정답 $3\frac{23}{42}$

확인 Check!　　　　분수의 덧셈과 뺄셈

다음 분수의 **덧셈과 뺄셈**을 하세요.

1　$\dfrac{5}{7} + 1\dfrac{5}{6}$

2　$4\dfrac{1}{4} - \dfrac{9}{10}$

풀이와 답

💡 **TIPS** 분모가 다른 분수의 셈이므로 먼저 통분을 합니다.

1. 7과 6의 최소공배수는 42로 통분합니다.

$$\frac{5 \times 6}{7 \times 6} + 1\frac{5 \times 7}{6 \times 7} = \frac{30}{42} + 1\frac{35}{42} = 1\frac{65}{42} = 2\frac{23}{42}$$

➡ 받아올림을 합니다.

2. 4와 10의 최소공배수인 20으로 통분합니다.

$$4\frac{1 \times 5}{4 \times 5} - \frac{9 \times 2}{10 \times 2} = 4\frac{5}{20} - \frac{18}{20} = 3\frac{25}{20} - \frac{18}{20} = 3\frac{7}{20}$$

➡ 받아내림을 합니다.

정답 : **1.** $2\dfrac{23}{42}$　**2.** $3\dfrac{7}{20}$

개념 17  **분수의 곱셈**

초등 5

분수의 곱셈 이것만은 꼭!

분모는 분모끼리, 분자는 분자끼리 곱합니다.
계산 과정에서 약분을 하면, 셈이 간단해집니다.

- 자연수는 분모가 1인 분수로 보고
  곱하는 원리이므로, 자연수는 분자와 곱합니다.
- 대분수는 가분수로 바꿔 계산하는 것이
  편리합니다.

예제

1 다음 진분수의 **곱셈**을 하세요.

$$\frac{5}{6} \times \frac{2}{7}$$

풀이

방법 1» $\frac{5}{6} \times \frac{2}{7} = \frac{\overset{5}{\cancel{10}}}{\underset{21}{\cancel{42}}} = \frac{5}{21}$

분모끼리(6×7), 분자끼리(5×2) 곱합니다.

곱셈의 결과 $\frac{10}{42}$ 을 약분합니다. 최대공약수인 2로 나누면 $\frac{5}{21}$ 입니다.

방법 2» $\frac{5}{\underset{3}{\cancel{6}}} \times \frac{\overset{1}{\cancel{2}}}{7} = \frac{5}{3} \times \frac{1}{7} = \frac{5}{21}$

계산 과정에서 약분하면, 왼쪽 분수의 분모 6과 오른쪽 분수의 분자 2를 최대공약수 2로 약분합니다. 과정에서 약분하는 것과 결과를 약분하는 것의 결과는 같습니다.

정답 $\frac{5}{21}$

예제

2

다음 대분수의 곱셈을 하세요.

$$2\frac{1}{4} \times 1\frac{3}{8}$$

풀이

$$2\frac{1}{4} \times 1\frac{3}{8} = \frac{9}{4} \times \frac{11}{8}$$ ➡ 대분수의 곱셈은 가분수로 바꿔서 계산합니다.

$$= \frac{99}{32}$$ ➡ 곱셈의 결과가 가분수이므로 대분수로 바꿔 줍니다.

$$= 3\frac{3}{32}$$ ➡ $99 \div 32 = 3\cdots3$ 몫은 대분수의 자연수 부분이 되고, 나머지는 분자가 됩니다.

정답 $3\frac{3}{32}$

예제

3

다음 자연수와 분수의 **곱셈**을 하세요.

① $\frac{3}{7} \times 4$ ② $3\frac{5}{6} \times 2$

풀이   자연수와 분수의 곱셈에서 자연수는 분모가 1인 분수이므로, 분자와 곱합니다.

① $\frac{3}{7} \times 4 = \frac{3 \times 4}{7} = \frac{12}{7} = 1\frac{5}{7}$

② $3\frac{5}{6} \times 2 = \frac{23}{\overset{}{\underset{3}{6}}} \times \overset{1}{2} = \frac{23}{3} = 7\frac{2}{3}$

정답   ① $1\frac{5}{7}$ ② $7\frac{2}{3}$

확인 Check!   분수의 곱셈

다음 분수의 **곱셈**을 하세요.

1 $\dfrac{9}{25} \times \dfrac{5}{12}$

2 $3\dfrac{1}{2} \times 2\dfrac{4}{9}$

풀이와 답

1. $\dfrac{\overset{3}{\cancel{9}}}{\underset{5}{\cancel{25}}} \times \dfrac{\overset{1}{\cancel{5}}}{\underset{4}{\cancel{12}}} = \dfrac{3}{20}$

분자와 분모가 서로 약분이 되기 때문에 약분을 먼저 하고 계산을 합니다.

2. 대분수의 곱셈은 가분수로 바꿔서 계산합니다.

$3\dfrac{1}{2} \times 2\dfrac{4}{9} = \dfrac{7}{\underset{1}{\cancel{2}}} \times \dfrac{\overset{11}{\cancel{22}}}{9}$ ➡ 미리 약분을 하면 계산이 간단해집니다.

$= \dfrac{77}{9} = 8\dfrac{5}{9}$ ➡ 가분수인 결과를 다시 대분수로 바꿔 줍니다.

대분수로 바꿀 때는 분자 ÷ 분모인데, 몫이 자연수 부분이 되고, 나머지가 분자가 됩니다.

정답 : 1. $\dfrac{3}{20}$ 2. $8\dfrac{5}{9}$

개념 18 **분수의 나눗셈**

초등 6

 분수의 나눗셈

분수의 나눗셈은 그 수의 역(분)수를 곱하는 것과 같습니다.

$$\frac{B}{A} \div \frac{D}{C} = \frac{B}{A} \times \frac{C}{D}$$

즉, 분수의 나눗셈은 역분수를 곱하는 것으로 바꿔 계산하면 됩니다.
분모가 같으면 분자끼리 나눗셈을 하면 됩니다

역(분)수
분모와 분자를 서로 바꾼 분수를
원래 분수의 역(분)수라고 합니다.

예제 1

다음 분수의 **나눗셈**을 하세요.

$$\frac{3}{5} \div \frac{3}{4}$$

풀이 분수의 나눗셈은 역수를 사용하여 곱셈으로 바꿉니다.

$$\frac{3}{5} \div \frac{3}{4} = \frac{\overset{1}{\cancel{3}}}{5} \times \frac{4}{\underset{1}{\cancel{3}}} = \frac{4}{5}$$

➡ 왼쪽 분수의 분자 3과 오른쪽 분수의 분모 3을 최대공약수 3으로 약분합니다.

정답 $\frac{4}{5}$

2 다음 분수의 **나눗셈**을 하세요.

$$1\frac{5}{9} \div 1\frac{13}{15}$$

풀이 대분수의 나눗셈은 먼저 가분수로 바꾼 후, 역수를 사용하여 곱셈으로 계산합니다.

$$1\frac{5}{9} \div 1\frac{13}{15} = \frac{14}{9} \div \frac{28}{15}$$

$$= \frac{\overset{1}{14}}{\underset{3}{9}} \times \frac{\overset{5}{15}}{\underset{2}{28}}$$

○ 왼쪽 분수의 분자 14와 오른쪽 분수의 분모 28을 최대공약수 14로 약분합니다.
왼쪽 분수의 분모 9와 오른쪽 분수의 분자 15를 최대공약수 3으로 약분합니다.

$$= \frac{5}{6}$$

정답 $\frac{5}{6}$

3 다음 분수의 나눗셈이 분자끼리 계산만 해도 몫을 구할 수 있으려면 □ 안에 들어갈 수를 구하세요.

$$\frac{15}{49} \div \frac{3}{\square}$$

풀이 분자끼리 나눗셈이 가능하려면 분모가 같은 경우입니다. 따라서 □ 안에 들어갈 수는 49입니다.

$$\frac{15}{49} \div \frac{3}{\square} = \frac{\overset{5}{\cancel{15}}}{\underset{1}{\cancel{49}}} \times \frac{\overset{1}{\cancel{\square}}}{\underset{1}{\cancel{3}}} = 5$$

정답 49

확인 Check!  분수의 나눗셈

정답 : 1. $\frac{1}{30}$ 2. 6

다음 분수의 **나눗셈**을 하세요.

1 $\frac{3}{10} \div 9$

2 $6\frac{3}{4} \div 1\frac{1}{8}$

풀이와 답

1. 자연수 9는 $\frac{9}{1}$ 를 의미합니다. 이것을 역수로 만들면 $\frac{1}{9}$ 이 됩니다.

$$\frac{3}{10} \div 9 = \frac{\overset{1}{\cancel{3}}}{10} \times \frac{1}{\underset{3}{\cancel{9}}} = \frac{1}{30}$$

왼쪽 분수의 분자 3과 오른쪽 분수의 분모 9는 최대공약수 3으로 약분합니다

2. 대분수의 나눗셈은 먼저 가분수로 바꾼 후, 역수를 사용하여 곱셈으로 계산합니다.

$$6\frac{3}{4} \div 1\frac{1}{8} = \frac{27}{4} \div \frac{9}{8} = \frac{\overset{3}{\cancel{27}}}{\underset{1}{\cancel{4}}} \times \frac{\overset{2}{\cancel{8}}}{\underset{1}{\cancel{9}}} = \frac{6}{1} = 6$$

메타인지 확인하기

1 다음 수직선을 보고 빈칸에 알맞은 숫자를 써넣고, 분수와 소수의 관계에 대해 설명해 보세요.

(   )   (   ) $\dfrac{8}{1000}$ (   )

0   0.001   (   )   0.006   0.009 (   )

2 분수의 종류에 대해 설명해 보세요.

3 약분에 대한 설명입니다. 빈칸에 알맞은 말을 써넣으세요.

약분은 분모와 분자를 0이 아닌 같은 수 즉, 분모와 분자의 1을 제외한 (   )로 나누어 간단히 하는 것입니다. 분모와 분자의 (   )로 나누면 한 번에 (   )가 됩니다. 약분할 때는 더 이상 나눠지지 않는지 확인해야 합니다.

4 통분에 대한 설명입니다. 빈칸에 알맞은 말을 써넣으세요.

통분은 분모가 다른 분수들의 (   )를 같게 하는 것입니다. 이때 분모와 분자에 각각 0이 아닌 같은 수를 곱하여 분수의 크기가 변하지 않도록 해야 하는데, 이렇게 같은 수로 만들어 준 분모를 (   )라고 합니다.

메타인지 확인하기

1 다음 수직선을 보고 빈칸에 알맞은 숫자를 써넣고, 분수와 소수의 관계에 대해 설명해 보세요.

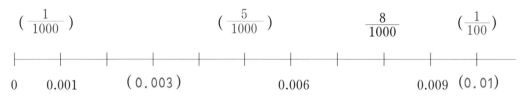

$\left(\dfrac{1}{1000} \right)$　　　　$\left(\dfrac{5}{1000} \right)$　　　　$\dfrac{8}{1000}$　　　　$\left(\dfrac{1}{100} \right)$

0　　0.001　　(0.003)　　　　0.006　　　　0.009　(0.01)

풀이

1을 10으로 나누면 0. 1이 됩니다.

1을 10등분한 것 중 하나는 $\dfrac{1}{10}$ 입니다.

1을 10으로 나눈 것과 10등분한 것은 같은 값이므로, $0.1 = \dfrac{1}{10}$ 입니다.

2 분수의 종류에 대해 설명해 보세요.

풀이

① 진분수 : 분자가 분모보다 작은 분수 (분자<분모 → 1보다 작은 분수)

② 가분수 : 분자가 분모와 같은 분수(분자=분모 → 1과 크기가 같은 분수) 또는 분자가 분모보다
　큰 분수 (분자>분모 → 1보다 큰 분수)

③ 대분수 : 자연수와 진분수의 합으로 이루어진 분수로, 가분수를 대분수로 바꿀 수 있습니다.

3 약분에 대한 설명입니다. 빈칸에 알맞은 말을 써넣으세요.

약분은 분모와 분자를 0이 아닌 같은 수 즉, 분모와 분자의 1을 제외한 (공약수)로 나누어 간단히
하는 것입니다. 분모와 분자의 (최대공약수)로 나누면 한 번에 (기약분수)가 됩니다. 약분할 때는
더 이상 나눠지지 않는지 확인해야 합니다.

4 통분에 대한 설명입니다. 빈칸에 알맞은 말을 써넣으세요.

통분은 분모가 다른 분수들의 (분모)를 같게 하는 것입니다. 이때 분모와 분자에 각각 0이 아닌
같은 수를 곱하여 분수의 크기가 변하지 않도록 해야 하는데, 이렇게 같은 수로 만들어 준 분모를
(공통분모)라고 합니다.

빠른 정답 220쪽, 정답과 풀이 222쪽

1 다음 덧셈을 계산하세요.

① 43 + 157

② 581 + 269

2 다음 나눗셈을 계산하세요.

① 927 ÷ 23

② 4567 ÷ 81

3 14와 35의 최소공배수를 구하세요.

4 다음 소수의 뺄셈을 계산하세요.

① $2.3 - 0.789$

② $1.03 - 0.37$

5 $\dfrac{24}{84}$ 를 약분하려고 합니다. 보기에서 분자와 분모를 모두 나눌 수 있는 수를 모두 고르세요.

보기	2	3	4	5	6	7	8	9

6 다음 분수의 곱셈을 계산하세요.

① $\dfrac{7}{16} \times \dfrac{40}{56}$

② $3\dfrac{3}{4} \times 3\dfrac{7}{15}$

7 다음 혼합 계산에서 계산 순서를 쓰고, 풀어 보세요.

$$6 \times (5 + 2) \div 6$$

☐ ☐ ☐

8 108과 90의 최대공약수를 구하는 과정입니다. 빈칸에 알맞은 수를 써넣으세요.

①) 108 90

②) ③   45

④) 18   ⑤

⑥   ⑦

1 다음 뺄셈을 계산하세요.

① 123 − 85

② 612 − 486

2 다음 곱셈을 계산하세요.

① 47 × 62

② 835 × 53

3 24와 56의 최대공약수를 구하세요.

4 다음 소수의 덧셈을 계산하세요.

① $1.64 + 0.36$

② $0.12 + 0.951$

5 다음 분수를 통분하세요.

$$\frac{1}{6} \qquad \frac{1}{9} \qquad \frac{1}{15}$$

6 다음 분수의 나눗셈을 계산하세요.

① $\dfrac{7}{18} \div \dfrac{14}{99}$

② $2\dfrac{10}{12} \div 4\dfrac{1}{4}$

7 다음 계산에서 틀린 곳을 찾아 바르게 고치세요.

$$47 + 3 \times 2 - 10 \div 5 = 18$$

8 지호는 운동장을 한 바퀴 도는 데 25분 걸리고, 지호 동생 윤호는 35분 걸립니다.

5시에 동시 출발했을 때, 둘은 몇 시 몇 분에 만나게 될까요?

단원

2

변화와 관계

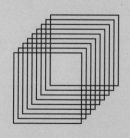

개념 19 〇〇 규칙 찾기

초등 1, 2, 4, 5

규칙이란?

주어진 숫자나 도형의 규칙성을 찾는 문제를 풀기 위해서는 수학적인 직관력을 가져야 합니다. 어떤 규칙으로 모양이 바뀌는지 수가 커지거나 작아지는지 살펴보며, 주어지지 않은 내용을 예측할 수 있는 능력을 키울 필요가 있습니다.

규칙적으로 반복되거나 연속적으로 일어나는 사건들 사이의 관계를 나타내는 것을 '규칙'이라고 합니다.

예제 1

다음 도형의 배열 규칙을 따라, **빈칸에 알맞은 도형**은 무엇일까요?

〇 〇 □ 〇 〇 △ 〇 〇 □ 〇 (①) (②)

풀이 도형의 배열을 보면, 〇 〇 다음 □, 다시 〇 〇 다음 △가 나온 후, 7번째부터 반복이 되는 것을 찾을 수 있습니다. 따라서, ①에 들어갈 도형은 〇이고, ②에 들어갈 도형은 △입니다.

정답 ① 〇   ② △

다음 수 배열표를 보고 **세 가지 규칙**을 찾으세요.

1	2	3	4
5	6	7	8
9	10	11	12
13	14	15	16

풀이

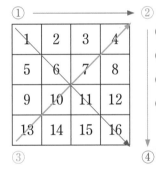

① **오른쪽**으로 갈수록 숫자는 +1이다.

② **아래쪽**으로 갈수록 숫자는 +4이다.

③ **오른쪽 대각선 위**로 갈수록 숫자는 -3이다.

④ **오른쪽 대각선 아래**로 갈수록 숫자는 +5이다.

이러한 방법으로 왼쪽으로 갈수록 숫자는 -1인 규칙, 위쪽으로 갈수록 숫자는 -4인 규칙, 왼쪽 대각선 위로 갈수록 숫자는 -5인 규칙, 왼쪽 대각선 아래로 갈수록 숫자는 +3인 규칙을 더 찾을 수 있습니다.

규칙에 따라 주어진 수 배열표 이상의 숫자를 예상할 수 있습니다.

정답 (예시) **오른쪽**으로 갈수록 숫자는 +1이다. **아래쪽**으로 갈수록 숫자는 +4이다.
오른쪽 대각선 위로 갈수록 숫자는 -3이다.

확인 Check! 규칙 찾기

1 규칙에 따라 빈칸에 알맞은 **색깔**은 무엇일까요?

2 다음 수 배열표의 규칙을 알아보고, 빈칸에 알맞은 **숫자**를 써넣으세요.

2	4	6	8	①
20	18	②	14	12
22	24	26	③	30
④	38	36	34	32

풀이와 답

1.
색깔의 배열을 보면, ● 다음 '●●'가 순서대로 왼쪽으로 하나씩 이동하는 규칙입니다.

이렇게 반복되는 것을 찾을 수 있습니다.
따라서 빈칸에 들어갈 알맞은 색깔은 ● /● / 입니다.

2. 이 수 배열표는 **홀수 번째 줄은 오른쪽으로 갈수록** +2이고, **짝수 번째 줄은 왼쪽으로 갈수록** +2입니다. 이 규칙에 따라 빈칸에 알맞은 숫자를 넣습니다.
①은 8 다음 오른쪽으로 +2해서 10, ②는 14 다음 왼쪽으로 +2이므로, 16, ③은 26 다음 오른쪽으로 +2해서 28, ④는 38 다음 왼쪽으로 +2이므로 40입니다.

정답: **1.** ① ● ② ● ③ **2.** ① 10, ② 16, ③ 28, ④ 40

개념 20 **대응 관계**

대응이란?

두 집합이나 값 사이의 관계를 나타냅니다.
두 값 사이의 규칙을 알면, 두 값의 대응 관계를 식으로 나타낼 수 있습니다.

1 **자동차의 수와 바퀴의 수** 대응 관계를 식으로 나타내세요.

풀이 자동차의 수를 □라고 하고, 바퀴의 수를 ○라 하면,

자동차의 수(대) □	1	2	3	4	…
바퀴의 수 ○	4	8	12	16	…

이와 같은 표를 만들 수 있습니다.

바퀴는 자동차마다 4개씩 있으므로, 자동차 수가 한 대씩 늘어날 때마다,
바퀴의 수는 '자동차의 수×4'만큼 늘어납니다. 자동차의 수와 바퀴의 수의 대응 관계를
식으로 나타내면,

$○ = □ × 4$

$□ = ○ ÷ 4$

이렇게 식으로 만들 수 있습니다.

정답 자동차 바퀴의 수(○) = 4 × 자동차의 수(□)
자동차의 수(□) = 자동차 바퀴의 수(○) ÷ 4

2

다음은 유람선의 운행 시간표입니다.

	1회	2회	3회	…
출발 시각 △	9시	10시 50분	12시 40분	…
도착 시각 ☆	10시 20분	12시 10분	2시	…

① **유람선의 출발 시각과 도착 시각**의 대응 관계를 식으로 나타내세요.

② 오후 4시에 유람선 선착장에 도착하면, **몇 시에 출발하는 유람선**을 탈 수 있을까요?

풀이 유람선이 출발해서 돌아오기까지 **1시간 20분**이 걸리고, 30분 쉬었다가 다시 출발합니다.

출발 시각을 △, 도착 시각을 ☆이라 하면, 1회의 출발 시각과 도착 시각의 식은

△ + **1시간 20분** = ☆

△ = ☆ − **1시간 20분**

이렇게 식으로 만들 수 있습니다.

2회부터는 쉬는 시간을 더해야 합니다. 출발 시각은 각 회차마다 운행 시간 1시간 20분과 쉬는 시간 30분을 더해야 합니다.

2회 출발 시각 △△ = △ + 1시간 50분 = 10시 50분

3회 출발 시각 △△△ = △△ + 1시간 50분 = 12시 40분

4회 출발 시각 △△△△ = △△△ + 1시간 50분 = 14시 30분

5회 출발 시각 △△△△△ = △△△△ + 1시간 50분 = 16시 20분

오후 4시(16시)에 도착하면, 20분 후에 출발하는 5회 유람선을 탈 수 있습니다.

정답 ① 출발 시각 + 1시간 20분 = 도착 시각 / 출발 시각 = 도착 시각 − 1시간 20분
② 오후 4시 20분

확인 Check!  대응 관계

1 지우는 2023년에 11살입니다. 2030년에는 **몇 살**이 될까요?

연도 △	2023	2024	2025	...
지우의 나이 □	11	12	13	...

2 책꽂이 한 칸에 책 7권을 꽂을 수 있습니다.

책꽂이에 6칸이 있을 때, **몇 권의 책**을 꽂을 수 있을까요?

책꽂이 칸 ○	1	2	3	...
책(권) ☆	7	14	21	...

풀이와 답

1. 지우의 나이를 □, 연도를 △라고 할 때, □ + 2012 = △, □ = △ - 2012입니다.

   2030년의 지우 나이를 구하려면, □ = 2030 - 2012 = 18

   2030년에 지우는 18살이 됩니다.

2. 책꽂이의 칸을 ○, 한 칸에 꽂히는 책의 수를 ☆이라고 할 때,

   ○ × 7 = ☆, ○ = ☆ ÷ 7입니다.

   책꽂이가 6칸이 있으므로, 6 × 7 = ☆ = 42입니다.

   즉, 6칸의 책꽂이에는 42권의 책을 꽂을 수 있습니다.

정답 : 1. 18살 **2.** 42권

II 비

개념 21 비와 비율

초등 6

비란?

두 수 A와 B를 비교할 때, 기호 : 을 사용하여
A : B로 나타낸 것입니다.
이때 A는 비교하는 양, B는 기준량이라고 합니다.

> A : B = 비교하는 양 : 기준량
> ⇒ A 대 B
> = B에 대한 A의 비
> = A의 B에 대한 비
> = A와 B의 비

비율이란?

비교하는 양을 기준량으로 나눈 값을 말합니다.

> 비율 = 비교하는 양 ÷ 기준량
> $= \dfrac{(비교하는 양)}{기준량}$
> ● 비교하는 양 = 기준량 × 비율

백분율이란?

기준량을 100으로 정한 비율을 백분율이라고 하며, 백분율은 퍼센트(%) 기호를 이용하여
나타냅니다.
백분율을 구할 때는,

> 백분율 = 비율 × 100

① 기준량이 100인 비율(=분모가 100인 분수)로 나타냅니다.
② 비율에 100을 곱하고 %를 붙입니다.

예 $\dfrac{7}{20} = \dfrac{35}{100} = 35\%$

$\dfrac{7}{20} \times 100 = 35\%$

98

예제 1

(1~3) 1반 학생 수는 남학생 15명, 여학생 10명입니다.

남학생 수와 여학생 수의 비를 구하세요.

풀이 남학생 수와 여학생 수의 비를 구하세요.

남학생 수를 A, 여학생 수를 B라고 할 때,

'남학생 수와 여학생 수의 비'는 A : B = 15 : 10입니다.

정답 15 : 10

예제 2

여학생 수에 대한 남학생 수의 비율을 소수로 구하세요.

풀이 비율은 $A \div B = \dfrac{A}{B} = \dfrac{15}{10} = \dfrac{3}{2} = 1.5$

정답 1.5

예제 3

1반 전체에서 **남학생의 비율**은 몇 %인가요?

풀이 전체 학생 수는 남학생 수(15) + 여학생 수(10) = 25명입니다.

$$\frac{\text{남학생 수}}{\text{전체 학생 수}} = \frac{15}{25} = \frac{15 \times 4}{25 \times 4} = \frac{60}{100} = 60\%$$

정답 60%

확인 Check! 비와 비율

할아버지네 과수원에는 사과나무 72그루, 배나무 36그루가 있습니다.

1 **사과나무에 대한 배나무의 비**를 구하세요.

2 **사과나무의 배나무에 대한 비율**을 구하세요.

풀이와 답

1. 사과나무를 A, 배나무를 B라고 할 때, 사과나무에 대한 배나무의 비는 B : A = 36 : 72입니다.
   $36 : 72 = 1 : 2$

2. 사과나무의 배나무에 대한 비율은 $A \div B = \dfrac{A}{B} = \dfrac{\overset{2}{\cancel{72}}}{\underset{1}{\cancel{36}}} = 2$

정답 : **1.** 1 : 2 **2.** 2

개념 22 비례식과 비례 배분

초등 6

비례식이란?

비율이 같은 두 비를 등호를 사용하여 나타낸 식입니다.

A : B = C : D

비의 각 항에 0이 아닌 같은 수를 곱하거나 나누어도 비는 변하지 않습니다.

$$A : B = \frac{A}{B}$$

$$A \times 2 : B \times 2 = \frac{A \times 2}{B \times 2} = \frac{A}{B}$$

$$A \div 2 : B \div 2 = \frac{A \div 2}{B \div 2} = \frac{A}{B}$$

비례식은 외항의 곱과 내항의 곱이 같습니다.

외항의 곱(A × D) = 내항의 곱(B × C)

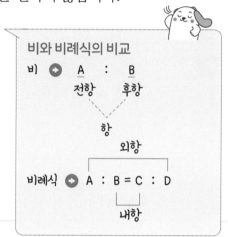

비와 비례식의 비교

비 ➔ <u>A</u> : <u>B</u>
　　　전항　　후항

　　　　　　항
　　　　　　　　외항

비례식 ➔ A : B = C : D
　　　　　　　　내항

간단한 자연수의 비로 나타내기

전항과 후항에 같은 수를 곱하거나 나눠도 비가 변하지 않는다는 비의 성질을 이용합니다.

① 소수의 비

예 0.6 : 1.3

= 0.6 × 10 : 1.3 × 10　➔ 두 수가 모두 소수 한 자리 수이므로 전항과 후항에

= 6 : 13　　　　　　　　　각각 10을 곱합니다.

② 분수의 비

예 $\frac{1}{3} : \frac{1}{5}$

= $\frac{5}{15} : \frac{3}{15}$　　➔ 전항과 후항에 각각 두 분모의 최소공배수를 곱합니다.

= 5 : 3

③ 자연수의 비

예 25 : 75

= 25 ÷ 25 : 75 ÷ 25　➔ 전항과 후항을 각각 두 수의 최대공약수로 나눕니다.

= 1 : 3

비례배분이란?

전체를 주어진 비로 나누는 것을 비례배분이라고 합니다. 비례배분을 할 때는 주어진 비의

전항과 후항의 합을 분모로 하는 분수의 비로 바꿔서 계산하면 편리합니다.

전체(A)를 B : C로 비례배분 하기

① $A \times \dfrac{B}{B+C}$

② $A \times \dfrac{C}{B+C}$

예제
1

(1~2) □ 안에 알맞은 수를 써넣으세요.

□ : 4 = 32 : 16

풀이 비례식 A : B = C : D는 **외항의 곱(A × D) = 내항의 곱(B × C)**이므로,

□ × 16 = 4 × 32

□ = 4 × 32 ÷ 16 = $\dfrac{4 \times \overset{2}{\cancel{32}}}{\underset{1}{\cancel{16}}}$

□ = 8

정답 8

예제
2

10 : □ = 150 : 60

풀이 □ × 150 = 10 × 60

□ = 10 × 60 ÷ 150

$= \dfrac{10 \times 60}{150} = \dfrac{\overset{4}{\cancel{600}}}{\underset{1}{\cancel{150}}}$

= 4

정답 4

예제 3

색종이 20장이 있어요. 빨간 색종이와 파란 색종이의 비율이 2:3일 때, 각각 **몇 장**일까요?

풀이 빨간 색종이 : 파란 색종이 $= 2 : 3$

전체 색종이는 20장이고 빨간 색종이와 파란 색종이의 비율이 $2 : 3$일 때, 빨간 색종이와 파란 색종이가 각각 몇 장인지 구할 수 있습니다.

빨간 색종이 ▶ 전체 색종이(20장) $\times \dfrac{2}{2+3} = \overset{4}{20} \times \dfrac{2}{\underset{1}{5}} = 4 \times 2 = 8$

파란 색종이 ▶ 전체 색종이(20장) $\times \dfrac{3}{2+3} = \overset{4}{20} \times \dfrac{3}{\underset{1}{5}} = 4 \times 3 = 12$

정답 빨간 색종이는 8장, 파란 색종이는 12장

확인 Check!  비례식과 비례 배분

1 축척이 1 : 30000인 지도를 보고, **집에서 학교까지의 실제 거리**를 구하세요.

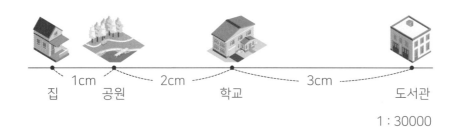

1cm ----- 2cm ----- 3cm -----
집   공원   학교   도서관

1 : 30000

2 엄마가 귤 28개를 사 오셨어요. 나와 동생에게 4 : 3으로 나누어 주셨어요.
누가 몇 개를 더 먹을까요?

풀이와 답

1. 집에서 학교까지의 거리는 총 3cm이므로 실제 거리를 □라 하고 축척을 이용하여 비례식을 만들면,
   1 : 30000 = 3 : □입니다.
   외항의 곱 = 내항의 곱이므로,
   □ = 90000cm = 900m입니다.

2. 나 → 귤 전체(28개) $\times \dfrac{4}{4+3} = \overset{4}{28} \times \dfrac{4}{\underset{1}{7}} = 4 \times 4 = 16$

   동생 → 귤 전체(28개) $\times \dfrac{3}{4+3} = \overset{4}{28} \times \dfrac{3}{\underset{1}{7}} = 4 \times 3 = 12$

   나는 16개, 동생은 12개를 먹습니다.

정답 : 1. 900m **2.** 내가 동생보다 4개를 더 먹습니다.

메타인지 확인하기

1 A : B = 비교하는 양 : 기준량입니다.

A : B를 여러 가지 방법으로 읽을 수 있는데, 빈칸에 알맞은 말을 넣으세요.

A : B

- ➡ A (　　　) B
- ➡ B (　　　　) A의 (　　　)
- ➡ A의 B (　　　　) 비
- ➡ A (　　　　) B의 (　　　)

---

2 비율과 백분율에 대한 설명입니다. 빈칸에 알맞은 말을 넣으세요.

비율은 (　　　　　　) 을 (　　　　) 으로 나눈 값을 말합니다.

이때, 기준량을 (　　　) 으로 정한 비율을 백분율이라고 합니다.

---

3 비와 비례식에 대한 설명입니다. 빈칸에 알맞은 말을 넣으세요.

비 ⇒ 　A　 : 　B　
　　(　　　) (　　　)
　　　　　　↘↙
　　　　　　항

비의 각 항에 0이 아닌 같은 수를 (　　　　　　　　　) 비는 변하지 않습니다.

　　　　　　(　　　)
　　　　┌──────┐
비례식 ⇒ A : B = C : D
　　　　　└────┘
　　　　　(　　　)

비례식은 (　　　) 의 곱과 (　　　) 의 곱이 같습니다.

메타인지 확인하기

1 A : B = 비교하는 양 : 기준량입니다.

A : B를 여러 가지 방법으로 읽을 수 있는데, 빈칸에 알맞은 말을 넣으세요.

- ➡ A (대) B
- ➡ B (에 대한) A의 (비)
- ➡ A의 B (에 대한) 비
- ➡ A (와) B의 (비)

2 비율과 백분율에 대한 설명입니다. 빈칸에 알맞은 말을 넣으세요.

비율은 (비교하는 양)을 (기준량)으로 나눈 값을 말합니다.

이때, 기준량을 (100)으로 정한 비율을 백분율이라고 합니다.

3 비와 비례식에 대한 설명입니다. 빈칸에 알맞은 말을 넣으세요.

비 ⇒ A : B
(전항) (후항)

항

비의 각 항에 0이 아닌 같은 수를 (곱하거나 나누어도) 비는 변하지 않습니다.

(외항)

비례식 ⇒ A : B = C : D

(내항)

비례식은 (외항)의 곱과 (내항)의 곱이 같습니다.

106

1 이번 달 달력이 찢어져서 아래와 같이 일부만 남았습니다.
22일은 무슨 요일일까요?

11 November						
S	M	T	W	T	F	S
					1	2
3	4	5	6	7	8	9
10	11	12	13	14	15	16

2 개미의 수와 개미 다리의 수 대응 관계를 식으로 나타내세요.

3 할아버지 농장에는 25마리의 닭과 20마리의 오리가 있습니다.

① 닭과 오리 수의 비를 구하세요.

② 오리에 대한 닭의 비를 구하세요.

4 다음 중 비가 다른 것은?

① 가로 4cm 세로 3cm인 메모지

② 가로 45cm 세로 35cm인 스케치북

③ 가로 12cm 세로 9cm인 수첩

④ 가로 88cm 세로 66cm인 담요

5 다음 비례식을 풀어보세요.

① $5 : \square = 45 : 72$

② $\square : 63 = 4 : 9$

6 225를 11 : 4로 비례 배분하여 각각 구해 보세요.

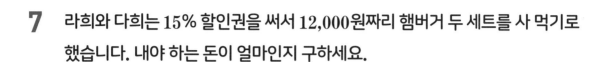

7 라희와 다희는 15% 할인권을 써서 12,000원짜리 햄버거 두 세트를 사 먹기로 했습니다. 내야 하는 돈이 얼마인지 구하세요.

8 나래와 태영이가 비례식을 잘못 풀었습니다. <u>잘못된</u> 이유를 쓰고, 바른 답을 구하세요.

$7 : 5 = \square : 30$

① 나래

$\square \times 30 = 7 \times 5$

$\square = \dfrac{35}{30}$

$\square = \dfrac{7}{6}$

② 태영

$5 \times \square = 7 \times 30$

$\square = 7 \times 30 \times 5$

$\square = 1050$

단원

도형과 측정

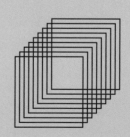

초등 2, 3, 4

개념 23 도형의 기본 요소

점, 선, 면

우리가 살고 있는 세계를 3차원이라고 해요. 3차원은 어떤 의미일까요?

점	선	면	입체
●	●────────●	△	▱
위치를 나타냄	위치와 길이를 나타냄	위치, 길이, 넓이를 나타냄	위치, 길이 넓이, 부피를 나타냄

선이 1차원, 면이 2차원, 입체가 3차원입니다. 길이, 넓이뿐만 아니라 부피까지 나타내는 공간이 우리가 살고 있는 세계예요. 점, 선, 면은 도형을 이루는 기본 요소입니다.

점을 연결하면 선이 되고, 선을 연결하면 면이 됩니다. 그리고 면을 연결하면 입체가 됩니다.

 **점과 선의 관계**

① 한 점을 지나는 곧은 선은 무수히 많습니다.　② 두 점을 지나는 곧은 선은 한 개입니다.

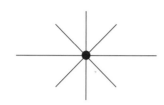 

 **직선, 반직선, 선분**

①
A　　　　B

직선은 양쪽으로 끝없이 늘인 곧은 선입니다.

①은 점A와 점B를 지나는 직선으로, **직선AB** 또는 **직선BA**라고 합니다.

②
C　　　　D

반직선은 한 점에서 시작하여 다른 한쪽으로 끝없이 늘인 곧은 선입니다.

②는 점C에서 시작하여 점D로 끝없이 늘인 반직선으로, **반직선CD**라고 합니다.

이 경우 반직선DC라고 할 수 없습니다.

> 시작하는 점을 먼저 써야 하는 것에 주의합니다.

③
E　　　　F

선분은 두 점을 이은 곧은 선입니다.

③은 점E와 점F를 이은 선분으로, **선분EF** 또는 **선분FE**라고 합니다.

> 반직선과 선분은 직선의 부분입니다.

각이란?

한 점에서 그은 두 반직선 또는 두 선분이 만나면 각(☆)을 이룹니다.

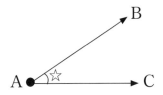

각BAC 또는 **각CAB**라고 합니다. 이때, 점A를 **각의 꼭짓점**이라고 하고, 반직선AB와 반직선AC를 **각의 변**이라 합니다.

각의 크기를 각도라 하고, 단위는 °(도)입니다.

각의 종류

① 예각 : 크기가 0°보다 크고 직각보다 작은 각입니다.

② 직각 : 평각의 크기의 $\frac{1}{2}$인 각으로, 크기는 90°입니다.

③ 둔각 : 크기가 직각보다 크고 180°보다 작은 각입니다.

TIPS 평각 : 각의 두 변이 꼭짓점을 중심으로 하여 반대쪽에 있고 한 직선을 이루는 각으로, 크기는 180°입니다.

예각 < 90°(직각) < 둔각

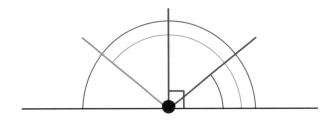

두 반직선이 겹치면 각도는 0°이고, 두 반직선의 사이가 점점 벌어져서 일직선이 되면(평평해지면) 180°, 한 바퀴를 돌아 다시 돌아오면 360°입니다.

예제 1

점A와 점B를 잇는 **직선**을 그어 보세요.

●   ●
A   **B**

풀이   직선은 점A와 점B를 잇는 끝없이 늘인 곧은 선입니다.

A   B

직선AB 또는 직선BA라고 합니다.

정답 

A   B

예제 2

다음 시계에서 긴 바늘과 짧은 바늘이 이루는 작은 쪽의 각이 어떤 각인지 쓰세요.

풀이   ① 긴 바늘과 짧은 바늘이 이루는 작은 쪽의 각은 직각으로 90°입니다.

TIPS 굵은 눈금 사이에 3칸이 있습니다. 즉, 한 칸의 크기는 90°를 3으로 나눈 30°가 됩니다.

② 긴 바늘과 짧은 바늘이 이루는 작은 쪽의 각은 90°보다 작은 예각입니다.

③ 긴 바늘과 짧은 바늘이 이루는 작은 쪽의 각은 직각보다 큰 각인 둔각입니다.

정답   ① 직각, ② 예각, ③ 둔각

확인 Check! 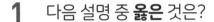 도형의 기본 요소

1 다음 설명 중 **옳은** 것은?

① 한 점을 지나는 곧은 선은 한 개입니다.

② 두 점을 이은 곧은 선은 선분입니다.

③ 직각은 평각의 크기의 $\frac{1}{2}$인 각으로, 크기는 $85°$입니다.

④ 두 점을 지나는 곧은 선은 무수히 많습니다.

⑤ 직선은 양쪽으로 끝없이 늘인 곡선입니다.

2 다음 그림을 보고 색깔이 나타내는 **각의 종류**에 대해 답하세요.

① 파란색
② 보라색
③ 연두색

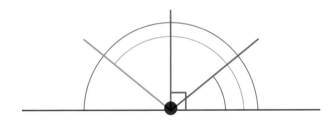

풀이와 답

1. ① 한 점을 지나는 곧은 선은 한 개가 아니라 **무수히 많습니다.**

② 선분에 대해 맞는 설명입니다.

③ 직각은 평각의 크기의 $\frac{1}{2}$인 각으로, 크기는 $85°$가 아니라 $90°$입니다.

④ 두 점을 지나는 곧은 선은 무수히 많지 않고, **한 개입니다.**

⑤ 직선은 양쪽으로 끝없이 늘인 곡선이 아니고, **곧은 선입니다.**

2. ① 파란색 : 크기가 $0°$보다 크고 직각보다 작은 각입니다.

② 보라색 : 평각의 크기의 $\frac{1}{2}$인 각으로, 크기는 $90°$입니다.

③ 연두색 : 크기가 직각보다 크고 $180°$보다 작은 각입니다.

정답 : **1.** ② **2.** ① 예각 ② 직각 ③ 둔각

개념 24 〰 수직과 평행 / 도형의 합동

초등 4, 5

수직이란?

두 직선이 만나서 이루는 각이 직각일 때, 두 직선의 관계를 수직이라고 합니다.

한 점에서 만나는 두 직선이 이루는 각은 직각입니다. 이렇게 직각으로 만나면 '수직'입니다.

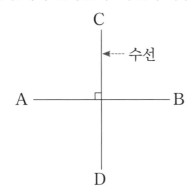

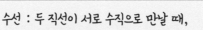

수선 : 두 직선이 서로 수직으로 만날 때,
   한 직선을 다른 직선에 대한 수선이라고 합니다.
➡ 왼쪽의 그림에서 직선CD는 직선AB에 대해 수선이라고 합니다.

평행이란?

서로 만나지 않는 두 직선의 관계를 평행하다고 합니다.

직선을 아무리 늘여도 만나지 않으면 '평행'입니다. 두 직선의 기울어진 정도가 같습니다.

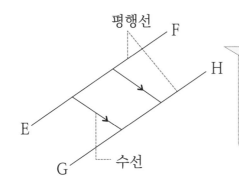

평행선 : 한 직선의 임의의 한 점으로부터 다른 직선으로 선을 그을 때 가장 짧은 길이의 선분이 수선인데, 이 수선의 길이가 어디에서 그어도 길이가 같다면, 두 직선을 평행선이라고 합니다. 즉, 수선의 길이는 평행선 사이의 거리입니다.

➡ 직선EF와 직선GH는 서로 평행 관계이고, 이 두 직선을 평행선이라고 합니다. 두 직선의 기울어진 정도가 같고 서로 만나지 않습니다. 두 평행선 사이의 수선은 가장 짧은 길이의 선분이며, 평행선 사이에 어떤 수선을 그어도 길이가 같습니다.

합동이란?

모양과 크기가 같아서 포개었을 때 완전히 겹쳐지는 두 도형을 합동이라고 합니다.

서로 합동인 두 도형을 완전히 포개었을 때, 겹쳐지는 점을 대응점, 겹쳐지는 변을 대응변, 겹쳐지는 각을 대응각이라고 합니다. 합동인 도형은 각각의 대응변의 길이와 대응각의 크기가 서로 같습니다.

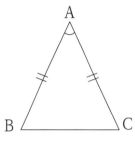
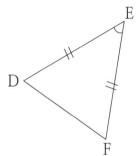

● 도형ABC와 도형DEF는 서로 합동입니다.

　점A와 대응하는 대응점은 점E입니다.

　각ABC와 대응하는 대응각은 각EDF입니다.

　선분AC와 대응하는 대응변은 선분EF입니다.

1 다음 **수직 관계인 직선**과 **평행 관계인 직선**을 찾으세요.

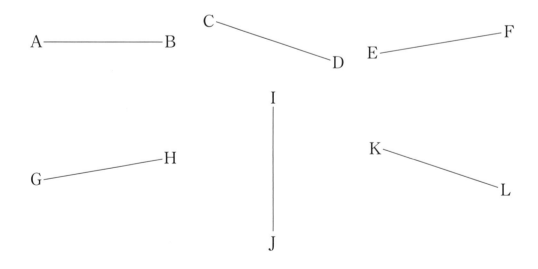

풀이 **수직** 관계인 직선은 두 직선이 서로 만나 **직각**을 이루어야 합니다.
직선AB와 직선IJ가 서로 수직 관계입니다.

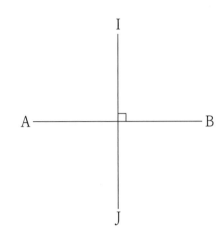

평행 관계인 두 직선은 아무리 늘여도 서로 만나지 않으려면 **기울어진 정도가 같아야** 합니다. 직선CD와 직선KL, 직선EF와 직선GH는 각각 평행 관계의 직선입니다.

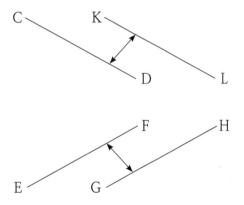

정답 수직 관계 : 직선AB와 직선IJ
평행 관계 : 직선CD와 직선KL, 직선EF와 직선GH

2 서로 **합동인 도형**을 찾으세요.

① ② ③ 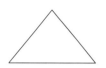 ④

⑤ ⑥ ⑦

⑧  ⑨ ⑩

풀이 모양과 크기가 같아 포개었을 때 **완전히 겹쳐지는** 두 도형이 합동입니다. 회전이 되어 있어도 모양과 크기가 같은지 확인합니다.

정답 ① - ⑩, ② - ⑨, ③ - ⑦, ④ - ⑥, ⑤ - ⑧

확인 Check!   수직과 평행 / 도형의 합동

1 다음 중 수직이 **없는** 도형을 고르세요.

①

②

③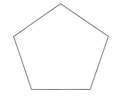

④

2 **평행한 변**이 몇 쌍 있습니까?

3 두 도형이 서로 합동일 때, **대응각**(①)과 **대응변**(②)을 구하세요.

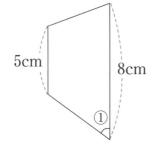

5cm
8cm
①

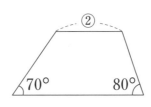

②
70°   80°

풀이와 답

1. 수직은 두 직선이 만나 직각(90°)을 이루어야 합니다. 네 가지 도형 중, ③과 ④가 직각을 이룬 곳이 없습니다.

2. 6개의 변이 있는 도형입니다. 서로 마주 보고 있는 변이 평행하고 있습니다.

3. 합동인 도형은 서로 포개었을 때, 완전히 겹쳐집니다. 서로 겹쳐지는 점, 변, 각을 각각 대응점, 대응변, 대응각이라고 합니다. ①은 오른쪽 도형의 70°와 대응각이고, 왼쪽 도형의 5cm인 변과 ②가 대응변입니다.

정답 : 1. ③, ④ 2. 3쌍 3. ① 70°, ② 5cm

메타인지 확인하기

1 점, 선, 면에 대해 간단하게 설명해 보세요.

2 직선, 반직선, 선분에 대한 설명입니다. 빈칸에 알맞은 말을 넣으세요.

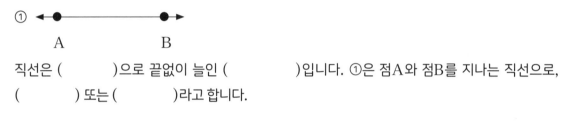

직선은 (   )으로 끝없이 늘인 (   )입니다. ①은 점A와 점B를 지나는 직선으로,
(   ) 또는 (   )라고 합니다.

반직선은 (   )에서 시작하여 다른 한쪽으로 끝없이 늘인 곧은 선입니다. ②는 점C에서 시작하
여 점D로 끝없이 늘인 반직선으로, (   )라고 합니다. 이때 주의할 점은 (   )을
먼저 써야 합니다.

선분은 (   )을 이은 곧은 선입니다. ③은 점E와 점F를 이은 선분으로, (   ) 또는
(   )라고 합니다.

3 수직과 평행에 대해 간단하게 설명해 보세요.

정답

1 점, 선, 면에 대해 간단하게 설명해 보세요.

풀이

점, 선, 면은 도형을 이루는 기본 요소입니다.

점을 연결하면 선이 되고, 선을 연결하면 면이 됩니다.

점은 위치를 나타내고, 선은 위치와 길이를 나타내며, 면은 위치, 길이, 넓이를 나타냅니다.

2 직선, 반직선, 선분에 대한 설명입니다. 빈칸에 알맞은 말을 넣으세요.

①

     A   B

직선은 (양쪽)으로 끝없이 늘인 (곧은 선)입니다. ①은 점A와 점B를 지나는 직선으로,
(직선AB) 또는 (직선BA)라고 합니다.

②

     C   D

반직선은 (한 점)에서 시작하여 다른 한쪽으로 끝없이 늘인 곧은 선입니다. ②는 점C에서 시작하
여 점D로 끝없이 늘인 반직선으로, (반직선CD)라고 합니다. 이때 주의할 점은 (시작하는 점)을
먼저 써야 합니다.

③

     E   F

선분은 (두 점)을 이은 곧은 선입니다. ③은 점E와 점F를 이은 선분으로, (선분EF) 또는
(선분FE)라고 합니다.

3 수직과 평행에 대해 간단하게 설명해 보세요.

풀이

한 점에서 두 직선이 만났을 때, 두 직선이 만나서 이루는 각이 직각일 때, 두 직선의 관계를 수직이라고
합니다.

두 직선의 기울어진 정도가 같고, 끝없이 늘였을 때 서로 만나지 않는 두 직선의 관계를 평행이라고 합니다.

개념 25 삼각형

초등 3, 4

 삼각형이란?

세 개의 점을 선분으로 연결하여 이루어진 도형입니다.

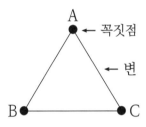

A ← 꼭짓점

← 변

B C

삼각형ABC는
세 개의 꼭짓점, 세 개의 변, 세 개의 각을
가지고 있습니다

 삼각형의 특징

두 변의 길이의 합은 가장 긴 변보다 길어야 합니다.
삼각형의 세 각의 크기의 합은 180°입니다.

정삼각형은 세 각의 크기가 같으므로, 180°÷3=60°,
한 각의 크기는 60°입니다. 직각삼각형은 한 각이 90°(직각)이고,
나머지 두 각의 합이 90°입니다.

모양에 따른 삼각형의 종류

① 이등변삼각형 : 두 변의 길이와 두 각의 크기가 같은 삼각형입니다.

② 정삼각형 : 세 변의 길이와 세 각의 크기가 같은 삼각형입니다.

> 정삼각형은 이등변삼각형이 될 수 있지만,
> 이등변삼각형은 정삼각형이 될 수 없습니다.
> 이등변삼각형 ⊃ 정삼각형

각의 크기에 따른 삼각형의 종류

① 예각삼각형 : 세 각이 모두 예각인 삼각형

② 직각삼각형 : 한 각이 직각인 삼각형

③ 둔각삼각형 : 한 각이 둔각인 삼각형
   (한 각은 둔각, 나머지 두 각은 예각)

> 직각이등변삼각형 :
> 한 각이 직각이고 두 변의 길이가 같은 삼각형

예제 1

다음 중 삼각형이 <u>**아닌**</u> 것은?

 ①   ②   ③ 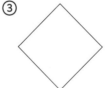   ④

풀이   삼각형은 세 개의 점을 선분으로 연결하여 이루어진 도형입니다. 네 개의 도형 중,
③은 네 개의 점을 선분으로 연결하여 이루어진 도형이므로 삼각형이 아닙니다.

정답   ③

2 각의 크기에 따라 어떤 삼각형인지 쓰세요.

①   ②   ③

풀이   ①은 한 각이 직각인 삼각형입니다.

②세 각이 모두 예각인 삼각형입니다.

③ 한 각이 둔각인 삼각형입니다.

정답   ① 직각삼각형   ② 예각삼각형   ③ 둔각삼각형

확인 Check! 삼각형

1 다음은 **이등변삼각형**입니다. 빈칸에 알맞은 숫자를 쓰세요.

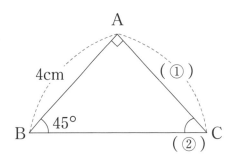

2 삼각형의 **세 변의 길이의 합**을 구하세요.

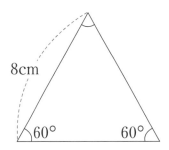

풀이와 답

1. 이등변삼각형은 두 변의 길이와 두 각의 크기가 같은 삼각형입니다. 삼각형ABC에서 변AB와 변AC의 길이가 같고, 각ABC와 각ACB의 크기가 같습니다.

2. 삼각형의 세 각의 크기의 합이 180°인데, 주어진 두 각이 120°이므로, 남은 한 각의 크기는 60° 임을 알 수 있습니다. 이 삼각형은 **세 각이** 같은 정삼각형입니다. 한 변의 길이만 주어졌지만, 정 삼각형이기 때문에 남은 두 변의 길이도 같다는 것을 알아낼 수 있습니다. 따라서, 세 변은 각각 8cm로, 세 변의 길이의 합은 8cm + 8cm + 8cm = 24cm입니다.

정답 : 1. ① 4cm ② 45° **2.** 24cm

개념 26 **사각형과 다각형**

 **사각형이란?**

네 개의 점을 선분으로 연결하여 이루어지는 도형입니다.

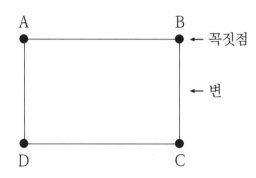

← 꼭짓점

← 변

사각형ABCD는
네 개의 꼭짓점, 네 개의 변, 네 개의 각을
가지고 있습니다.

 **사각형의 특징**

사각형의 네 각의 크기의 합은 360°입니다.

삼각형 두 개를 연결하면 사각형이 됩니다.

삼각형의 세 각의 합 180°를 두 개 연결하면 360°입니다.

삼각형ABC와 삼각형ADC는 두 개를 이어서 사각형이 됩니다.

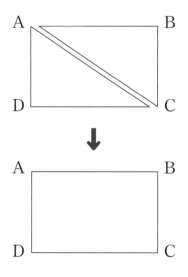

사각형의 종류

① 사다리꼴 : 한 쌍 이상의 변이 평행하는 사각형

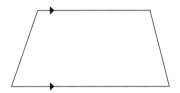

② 평행사변형 : 두 쌍의 변이 평행하고 마주 보는 변의 길이가 같은 사각형

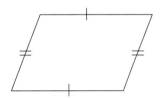

마주 보는 두 각의 크기가 같고,
이웃하는 두 각의 크기의 합은 180°입니다.

③ 직사각형 : 네 각이 직각(이웃하는 두 변이 모두 수직으로 만남)이고,
　　　　　　두 쌍의 변은 평행하며 마주 보는 변의 길이가 같은 사각형

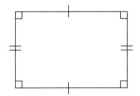

④ 정사각형 : 네 각이 직각인 것과 두 쌍의 변이 평행하는 것은 직사각형과 같지만, 네 변의 길이
　　　　　　가 같다는 것이 다릅니다.

⑤ 마름모 : 네 변의 길이가 같고, 마주 보는 꼭짓점을 서로 연결한 대각선은 수직으로 만납니다.

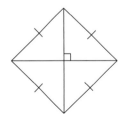

마주 보는 두 변이 서로 평행합니다.
마주 보는 두 각의 크기가 같고, 이웃하는 두 각의
크기의 합은 180°입니다.

사각형의 관계

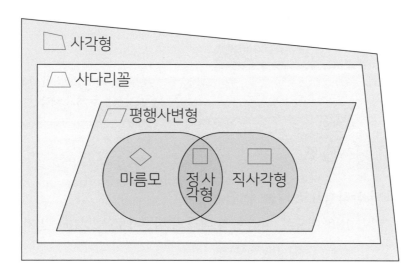

사각형 ⊃ 사다리꼴 ⊃ 평행사변형
⊃ 직사각형
⊃ 마름모
⊃ 정사각형

다각형이란?

선분과 각으로 둘러싸인 도형을 다각형(= 세 개 이상의 선분으로 둘러싸인 평면도형)이라고 합니다. 우리가 말하는 오각형, 육각형이라고 하는 것들이 모두 다각형입니다.

n개의 선분과 n개의 각으로 둘러싸인 도형 = n각형

이때, 각 선분의 길이와 각 각의 크기가 같다면 정다각형이라고 합니다.

예 정오각형, 정육각형……

각이 많아질수록 원에 가까워집니다.

대각선이란?

다각형에서 이웃하지 않은 두 꼭짓점을 이은 선분입니다.

n각형의 대각선의 개수 = (n - 3) x n ÷ 2

삼각형은 대각선이 한 개도 없고,
사각형은 두 개의 대각선이 있습니다.

다각형의 내각의 합?

n각형은 (n − 2)개의 삼각형으로 나눌 수 있습니다.

삼각형의 세 각의 합이 $180°$이므로, n각형의 내각의 합은 $180° \times (n - 2)$가 됩니다.

n각형의 내각의 합 = 180° x (n - 2)

예를 들어 오각형의 내각의 합은 $180° \times (5 - 2) = 540°$입니다.

예제

1

다음 도형 중 **사다리꼴**을 찾아 색칠하세요.

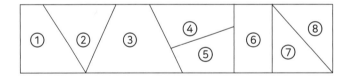

 사다리꼴은 한 쌍의 변이 평행하는 사각형입니다. ②, ⑦, ⑧은 삼각형이고, ④, ⑤은 평행한 변이 없어서 사다리꼴이 될 수 없습니다. ⑥은 직사각형이자, 사다리꼴입니다.

정답

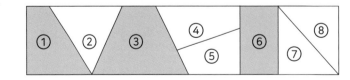

2

다음 설명 중 **옳은** 것은?

① 평행사변형은 두 쌍의 변이 평행하지만, 길이가 다른 사각형입니다.

② 모든 직사각형이 정사각형이 될 수 있습니다.

③ 네 변의 길이가 같지만, 네 각의 크기가 모두 같지 않은 사각형은 마름모입니다.

④ 정사각형은 평행사변형이기도 하지만, 사다리꼴이지는 않습니다.

⑤ 네 각이 모두 직각이면, 정사각형입니다.

풀이 ① 평행사변형은 두 쌍의 변이 평행하고 마주 보는 변의 길이가 **같은** 사각형입니다.

② 직사각형은 네 각이 직각이고 이웃하는 두 변이 모두 수직으로 만나고 두 쌍의 평행하고 마주 보는 변의 길이가 같은 변을 가진 사각형입니다. **정사각형은 네 변의 길이가 같다는 조건이 더 있어야 합니다.** 모든 정사각형은 직사각형이 될 수 있지만, 모든 직사각형은 정사각형이 될 수 없습니다.

③ 맞는 내용입니다.

④ 사각형의 관계는 사다리꼴 ⊃ 평행사변형 ⊃ **정사각형이므로, 정사각형은 평행사변형이고, 사다리꼴**이기도 합니다.

⑤ 정사각형은 네 각 모두 직각인 조건은 맞지만, **네 변의 길이가 같아야 하는 조건이 더 있어야** 합니다.

정답 ③

 확인 Check!  **사각형과 다각형**

1 둘레의 길이가 24cm인 **마름모의 한 변의 길이는 몇 cm**입니까?

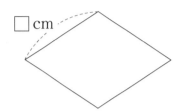

2 다음 **각의 크기**를 구하세요.

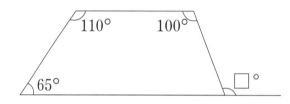

풀이와 답

1. 마름모는 네 변의 길이가 같은 사각형입니다. 마름모의 둘레의 길이가 24cm이므로, 한 변의 길이를 구하려면 24cm ÷ 4 = 6cm입니다.

2. 모든 사각형의 내각의 합은 360°입니다. 세 각만 주어졌지만, 남은 한 각(□)을 구할 수 있습니다.

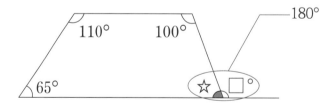

$360° = 110° + 100° + 65° + ☆$

$360° - 110° - 100° - 65° = ☆$

$☆ = 85°$

구해야 하는 □°와 ☆의 합은 180°이므로, 180° - 85° = 95°

□°는 95°입니다.

정답 : **1.** 6cm **2.** 95°

개념 27 원

원이란? 이것만은 꼭!

한 점으로부터 같은 거리만큼 떨어져 있는 점들을 연속적으로 모아놓은 평면도형입니다. 이때, 한 점을 원의 중심, 원의 둘레를 원주, 원의 중심과 원 위의 한 점을 이은 선분을 반지름, 원주 위의 두 점을 이은 선분 중에서 원의 중심을 지나는 선분을 지름이라고 하며, 이것은 원을 반으로 나누는 가장 긴 선분입니다.

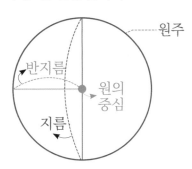

지름 = 반지름 x 2
한 원의 반지름과 지름은 길이가 모두 같고, 수없이 많이 있습니다.

예제

1 빈칸에 알맞은 말을 넣고, **지름**을 구하세요.

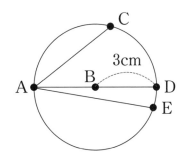

① 다음 도형에서 원의 중심은 점 (   )입니다.

② 반지름은 선분(   ) = 선분(   ) = 선분(   ) = 선분(   )입니다.

③ 지름은 선분(   ) = 선분(   ) 이고, 길이는 (   ) cm입니다.

풀이   원의 중심은 원 한 가운데의 점으로, 원의 중심에서 원주까지 어디에서 선분을 이어도 같은 길이여야 합니다. 반지름은 원의 중심에서 원주까지의 길이로, 그림에는 반지름의 길이가 3cm로 나와 있습니다. 지름은 '반지름 × 2'이므로, 6cm가 됩니다.

정답   ① B, ② AB, BA, BD, DB ③ AD, DA, 6

확인 Check!  원

1

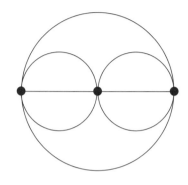

큰 원의 지름이 20cm일 때, **작은 원의 반지름**은 얼마일까요? (큰 원 안의 작은 원 두 개는 같은 크기입니다.)

2

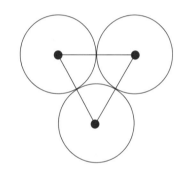

지름이 모두 6cm인 세 원입니다. 각 원의 '원의 중심'을 이어서 그린 **삼각형의 둘레의 길이**를 구하세요.

풀이와 답

1. 큰 원의 지름이 20cm이면 반지름은 10cm입니다. 큰 원의 반지름은 작은 원 하나의 지름이 됩니다. 따라서, 작은 원의 지름은 10cm이고, 반지름은 5cm입니다.

2. 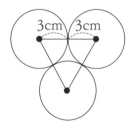 지름이 6cm인 원은 반지름이 3cm입니다.

각 원의 중심을 이어서 만든 삼각형의 한 변의 길이는 각 원의 반지름 두 개를 이은 것이므로 삼각형의 한 변의 길이는 6cm가 됩니다. 세 변 모두 같은 길이이므로, 6cm × 3 = 18cm입니다.

정답 : **1.** 5cm **2.** 18cm

메타인지 확인하기

1 삼각형, 사각형, 원의 기본적인 개념을 써 보세요.

삼각형 :

사각형 :

원 :

2 다음 삼각형은 한 각이 직각이고, 두 변의 길이가 같습니다.
이 삼각형의 다른 한 각의 크기를 구하세요.

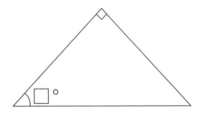

3 다음 도형이 직사각형이고 정사각형이 될 수 없는 이유를 쓰세요.

4 다음 원의 구성 요소의 이름을 쓰고, 무엇을 의미하는지 간단하게 설명하세요.

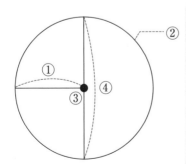

1 삼각형, 사각형, 원의 기본적인 개념을 써 보세요.

삼각형 : 세 개의 선분으로 연결하여 이루어진 도형으로, 세 개의 꼭짓점, 세 개의 변, 세 개의 각을 가지고 있습니다.

사각형 : 네 개의 선분으로 이루어진 도형으로, 네 개의 꼭짓점, 네 개의 변, 네 개의 각을 가지고 있습니다.

원 : 한 점으로부터 같은 거리만큼 떨어져 있는 점들을 연속적으로 모아놓은 평면도형입니다.

---

2 다음 삼각형은 한 각이 직각이고, 두 변의 길이가 같습니다.
이 삼각형의 다른 한 각의 크기를 구하세요.

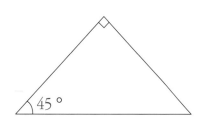

풀이

한 각이 직각이기 때문에, 직각삼각형인데,
두 변의 길이도 같으므로 직각이등변삼각형입니다.
이등변삼각형이기 때문에 두 각의 크기가 같은데,
한 각이 직각이기 때문에, 남은 두 각 90° ÷ 2 = 45°입니다.

---

3 다음 도형이 직사각형이고 정사각형이 될 수 없는 이유를 쓰세요.

풀이

이 도형은 네 각이 직각이고, 두 쌍의 변이 평행하지만,
네 변의 길이가 같지 않기 때문에 직사각형입니다.
정사각형이 되려면, 네 변의 길이가 같아야 합니다.

---

4 다음 원의 구성 요소의 이름을 쓰고, 무엇을 의미하는지 간단하게 설명하세요.

풀이

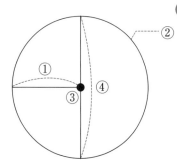

① 반지름 : 원의 중심과 원 위의 한 점을 이은 선분

② 원주 : 원의 둘레

③ 원의 중심 : 원의 중심으로부터 같은 거리만큼 떨어진
　　　　　　　점들을 연결한 것이 원이 됩니다.

④ 지름 : 원의 중심을 지나는 선분, 반지름의 두 배

III 입체도형

다면체란?

다각형으로만 둘러싸인 입체도형을 다면체라고 합니다.

각기둥과 각뿔이 있습니다.

입체도형은 한 꼭짓점에서
최소한 세 개 이상의 모서리가 만나야 합니다.

모서리 : 면과 면이 만나서 생기는 선분

꼭짓점 : 모서리와 모서리가 만나서 생기는 점

면의 수로 다면체의 이름을 정합니다. 네 개의 면으로 이루어진 다면체는 사면체, 다섯 개의 면으로 이루어진 다면체는 오면체, 여섯 개의 면으로 이루어진 다면체는 육면체, 이렇게 이름이 붙여집니다.

① **직육면체** : 직사각형 모양의 면 6개로 둘러싸인 입체도형으로, 6개의 면, 12개의 모서리, 8개의 꼭짓점을 가지고 있습니다. 직육면체는 서로 마주 보는 면이 총 3쌍이 있는데, 각 쌍의 두 면은 평행하기 때문에 서로 만나지 않습니다. 또, 서로 이웃하는 면은 수직 관계입니다.

② **정육면체** : 직육면체와 마찬가지이지만 정사각형 모양의 면 6개로 둘러싸인 입체도형이라는 점이 다릅니다.

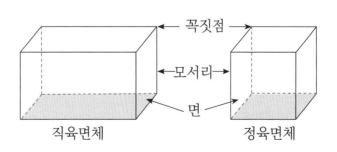

겨냥도란?

입체도형을 그릴 때, 보이는 대로 평면에 그리면 면, 모서리, 꼭짓점을 모두 나타낼 수 없습니다. 보이는 부분은 실선, 보이지 않는 부분은 점선으로 그립니다. 이런 그림을 겨냥도라고 합니다.

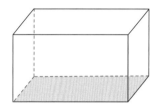 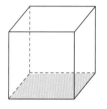

<직육면체의 겨냥도>   <정육면체의 겨냥도>

1

입체도형을 이루는 **면의 수와 모서리의 수**를 세어보세요.

① 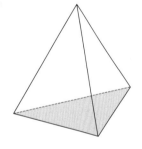   ② 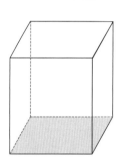   ③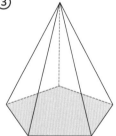

풀이   입체도형의 면과 모서리를 셀 때는 보이지 않는 쪽도 빠뜨리지 않고 세어야 합니다.
① 옆면이 세 개, 밑면이 한 개, 모서리는 밑면의 세 개, 위의 세 개입니다.
② 직육면체인데, 이름에서 알 수 있듯이 면이 여섯 개입니다.
모서리는 밑면의 네 개 × 2, 옆면의 네 개가 있습니다.
③ 밑면이 오각형이라, 옆면은 다섯 개입니다.
모서리는 밑면의 다섯 개, 옆면의 다섯 개입니다.

정답   ① 면 4개, 모서리 6개   ② 면 6개, 모서리 12개   ③ 면 6개, 모서리 10개

2 정육면체의 겨냥도를 완성하세요.

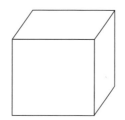

풀이   입체도형의 보이지 않는 부분을 그려야 하는데, 밑면의 가려진 부분, 옆면의 모서리 중
       보이지 않는 부분을 점선으로 그립니다.

정답

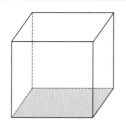

확인 Check!   다면체

(1~3) 아래 **직육면체**를 보고 다음 질문에 답하세요.

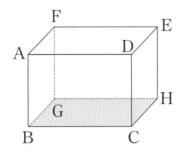

1 선분AB와 평행한 모서리를 모두 찾아 쓰세요.

2 면ABCD와 수직인 면을 찾아 쓰세요.

3 면DCHE와 수직인 모서리를 찾아 쓰세요.

풀이와 답

1. 선분AB와 평행한 모서리는 옆면의 모서리를 찾으면 됩니다.

2. 면ABCD와 이웃하는 면은 수직 관계입니다. 한 면에 수직 관계인 면은 4개 있습니다.

3. 면DCHE와 수직인 면에 포함된 모서리 중 수직 관계인 것을 찾으면 됩니다.

정답 : 1. 모서리DC, 모서리EH, 모서리FG   **2.** 면ADEF, 면BCHG, 면DCHE, 면ABGF   **3.** 모서리AD, 모서리FE, 모서리BC, 모서리GH

초등 6

개념 29 각기둥과 각뿔

각기둥이란?

두 밑면이 서로 평행하고 합동인 다각형으로 이루어진 기둥 모양의 입체도형입니다.
윗면과 밑면의 모양이 삼각형이면 삼각기둥, 사각형이면 사각기둥이 됩니다.
이렇게 윗면과 밑면의 모양에 따라 각기둥의 이름이 정해집니다.

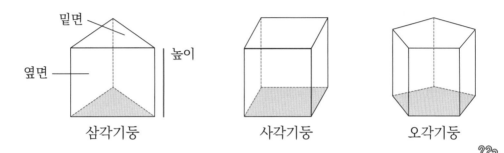

밑면
높이
옆면
삼각기둥   사각기둥   오각기둥

각기둥의 높이 : 두 밑면 사이의 거리로, 밑면과 수직 관계입니다.

밑면의 모양	면의 수	모서리의 수	꼭짓점의 수
☐각형	☐ + 2	☐ × 3	☐ × 2

예 삼각기둥 : 밑면의 모양은 삼각형,
면의 수는 5개, 모서리의 수는 9개,
꼭짓점의 수는 6개입니다.

어떠한 각기둥이라도 옆면은 항상 직사각형이고,
밑면과 옆면은 서로 수직 관계입니다.

각뿔이란?

밑면이 다각형이고, **옆면이 모두 삼각형**인 입체도형입니다.
밑면의 모양이 삼각형이면 삼각뿔, 사각형이면 사각뿔이 됩니다.
이렇게 밑면의 모양에 따라 각뿔의 이름이 정해집니다.

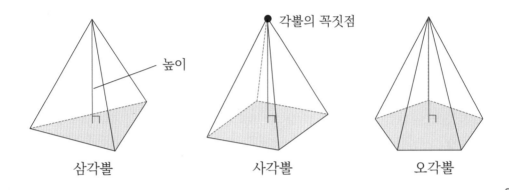

| 삼각뿔 | 사각뿔 | 오각뿔 |

각뿔의 꼭짓점 : 꼭짓점 중에서 옆면이 모두 만나는 점
각뿔의 높이 : 각뿔의 꼭짓점에서 밑면에 수직인 선분의 거리

밑면의 모양	면의 수	모서리의 수	꼭짓점의 수
□각형	□ + 1	□ × 2	□ + 1

예 삼각뿔 : 밑면의 모양은 삼각형, 면의 수는 4개, 모서리의 수는 6개, 꼭짓점의 수는 4개입니다.

1

면이 7개인 각기둥은 무엇일까요?

① 사각기둥　② 오각기둥　③ 육각기둥　④ 칠각기둥　⑤ 팔각기둥

풀이　면의 수 = ☐각기둥 + 2입니다. 면이 7개인 각기둥은 오각기둥입니다.

① 사각기둥은 면이 6개입니다.

③ 육각기둥은 면이 8개입니다.

④ 칠각기둥은 면이 9개입니다.

⑤ 팔각기둥은 면이 10개입니다.

정답　②

2

꼭짓점이 5개인 각뿔의 면의 수를 구하세요.

풀이　☐각뿔 + 1 = 꼭짓점의 수이므로, 꼭짓점이 5개이면 사각뿔입니다.

사각뿔의 면의 수는 ☐각뿔 + 1이므로, 5개입니다.

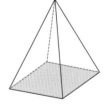

정답　5개

확인 Check! 각기둥과 각뿔

1 각기둥의 밑면이 정육각형일 때 모든 **모서리의 길이의 합**을 구하세요.

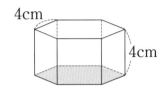

2 밑면의 모양이 **오각형**인 각기둥, 각뿔의 이름과 꼭짓점, 면, 모서리의 수를 각각 구하세요.

	각기둥	각뿔
이름		
면의 수		
모서리의 수		
꼭짓점의 수		

풀이와 답

1. 밑면이 정육각형이므로 육각기둥입니다. 육각기둥의 모서리의 수는 18개입니다.
정육각형은 모든 변의 길이가 같습니다. 옆면의 모서리 길이도 같은 길이로 주어졌기 때문에,
주어진 길이인 4cm × 18 = 72cm입니다.

2. 각기둥과 각뿔의 이름은 밑면의 모양으로 정해집니다.

	각기둥	각뿔
이름	오각기둥	오각뿔
면의 수	7	6
모서리의 수	15	10
꼭짓점의 수	10	6

정답 : **1.** 72cm **2.** 풀이 참고

개념 30 ⭕⭕ **원기둥과 원뿔과 구** 초등6

원기둥이란?

두 밑면이 평행하고 합동인 원으로 이루어진 기둥 모양의 입체도형입니다.

회전축을 중심으로 직사각형을 360° 회전하여 만들어진 회전체는 원기둥이 됩니다.

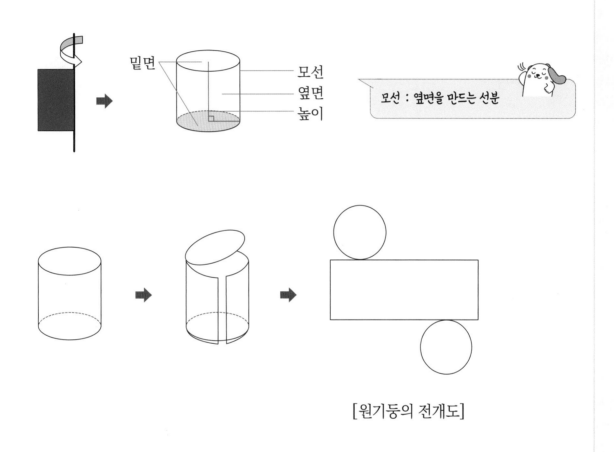

[원기둥의 전개도]

밑면이 원인 둥근 뿔 모양의 입체도형입니다.

회전축을 중심으로 직각삼각형을 360° 회전하여 만들어진 회전체는 원뿔이 됩니다.

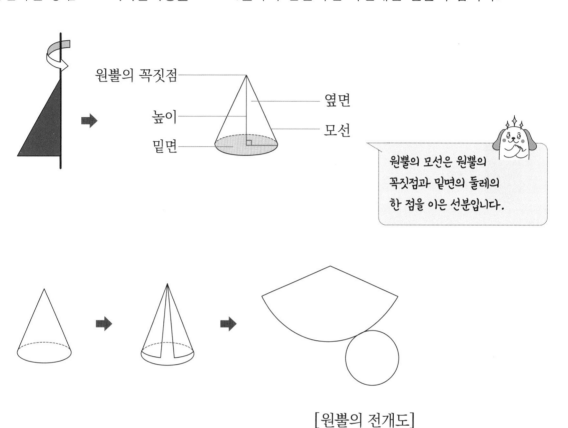

원뿔의 모선은 원뿔의 꼭짓점과 밑면의 둘레의 한 점을 이은 선분입니다.

[원뿔의 전개도]

이것만은 꼭!

구란?

공 모양의 입체도형입니다.

회전축을 중심으로 반원을 360° 회전하여 만들어진 회전체는 구가 됩니다.

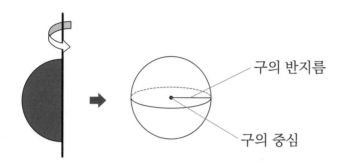

구의 반지름

구의 중심

> 구의 중심은 가장 안쪽에 있는 점이고,
> 구의 반지름은 구의 중심에서 구의 겉면의 한 점을
> 이은 선분입니다.

TIPS 구의 전개도는 존재하지 않지만, 구는 어느 지점에서 어느 방향으로 잘라고 원 모양의 단면이 나옵니다.

이것만은 꼭!

원기둥 vs 원뿔 vs 구

도형 이름	같은 점	밑 면	앞에서 본 모양
원기둥	옆면 : 굽은 면 위에서 본 모양 : 원	평행하고 합동인 면	직사각형
원뿔		원	이등변삼각형
구		굽은 면	원

1

원기둥, 원뿔, 구를 비교한 점입니다. **옳은 것**은?

① 원기둥과 원뿔은 보는 방향에 따라 모양이 같습니다.

② 원기둥과 원뿔은 밑면의 모양이 반원입니다.

③ 원기둥과 원뿔에는 뾰족한 부분이 있습니다.

④ 원기둥, 원뿔, 구는 굽은 면이 있습니다.

⑤ 회전축을 중심으로 반원을 360° 회전하면 원뿔이 됩니다.

풀이 ① 원기둥과 원뿔은 보는 방향에 따라 모양이 달라집니다.

② 원기둥과 원뿔은 밑면의 모양이 원입니다.

③ 원뿔에만 뾰족한 부분이 있습니다.

④ 맞는 내용입니다.

⑤ 회전축을 중심으로 반원으로 회전하면 구가 됩니다. 원뿔은 회전축을 중심으로 직각삼각형을 회전했을 때 나오는 입체도형입니다.

정답 ④

2 다음 원뿔에서 **길이가 다른 선분**은 무엇일까요?

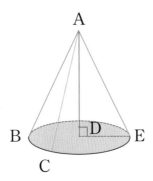

풀이 원뿔의 모선은 어느 것이든 길이가 같습니다. 표시된 선분 중에서 선분AD만 모선이 아니고 높이를 나타냅니다.

정답 선분AD

 **확인 Check!** **원기둥과 원뿔과 구**

1 회전축을 중심으로 다음 **도형을 회전**하면 어떤 입체도형이 될까요?

① 　　② 　　③

2 구의 **반지름**을 구하세요.

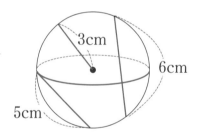

풀이와 답

1. 회전축을 중심으로 직사각형을 회전하면 원기둥이 되고, 직각삼각형을 회전하면 원뿔이 되고, 반원을 회전하면 구가 됩니다.

2. 구의 반지름은 구의 중심에서 구의 겉면의 한 점을 이은 선이어야 합니다. 구에 세 선분이 있는데, 구의 중심에서 나온 선은 하나입니다.

정답 : 1. ① 원기둥 , ② 구, ③ 원뿔 **2.** 3cm

메타인지 확인하기

1 **직육면체와 정육면체에 대한 설명입니다. 빈칸에 알맞은 말을 쓰세요.**

직육면체 : (   ) 모양의 면 (   )개로 둘러싸인 입체도형으로, 6개의 면, (   )개의

모서리, (   )개의 꼭짓점을 가지고 있습니다. 직육면체는 서로 마주 보는 면이 총 (   )쌍이

있는데, 각 쌍의 두 면은 평행하기 때문에 서로 만나지 않습니다.

정육면체 : (   ) 모양의 면 6개로 둘러싸인 입체도형입니다.

직육면체 (   ) 정육면체

2 **삼각기둥의 겨냥도를 그리세요.**

힌트 겨냥도는 입체도형을 그릴 때, 보이는 대로 평면에 그리면 면, 모서리, 꼭짓점을 모두 나타낼 수

있기 때문에 보이는 모서리는 실선, 보이지 않는 모서리는 점선으로 그리는 그림을 말합니다.

3 **다음 도형들의 꼭짓점이 몇 개인지 쓰고, 꼭짓점 수가 가장 많은 도형을 고르세요.**

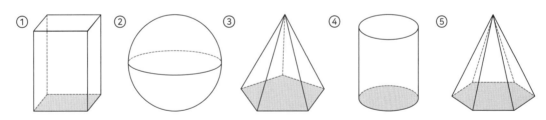

메타인지 확인하기

1 직육면체와 정육면체에 대한 설명입니다. 빈칸에 알맞은 말을 쓰세요.

직육면체 : (직사각형) 모양의 면 (6)개로 둘러싸인 입체도형으로, 6개의 면, (12)개의
모서리, (8)개의 꼭짓점을 가지고 있습니다. 직육면체는 서로 마주 보는 면이 총 (3)쌍이
있는데, 각 쌍의 두 면은 평행하기 때문에 서로 만나지 않습니다.

정육면체 : (정사각형) 모양의 면 6개로 둘러싸인 입체도형입니다.

직육면체 (⊃) 정육면

2 삼각기둥의 겨냥도를 그리세요.

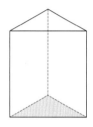

3 다음 도형들의 꼭짓점이 몇 개인지 쓰고, 꼭짓점 수가 가장 많은 도형을 고르세요.

① 사각기둥   ② 구   ③ 오각뿔   ④ 원기둥   ⑤ 육각뿔

풀이

① □각기둥의 꼭짓점은 □ × 2입니다. 사각기둥의 꼭짓점은 4 × 2 = 8, 8개입니다.

② 구는 꼭짓점이 없는 입체도형입니다.

③ □각뿔의 꼭짓점은 □ + 1입니다. 오각뿔의 꼭짓점은 5 + 1 = 6, 6개입니다.

④ 원기둥은 꼭짓점이 없는 입체도형입니다.

⑤ 육각뿔의 꼭짓점은 6 + 1 = 7, 꼭짓점은 7개입니다.

가장 많은 개수의 꼭짓점을 가진 도형은 사각기둥입니다.

답은 ① 입니다.

 개념 31 길이

길이란?

어떠한 물체의 길고 짧은 것을 숫자로 나타낸 것입니다.

> 거리 : 두 지점 사이의 멀고 가까운 것을 숫자로 나타낸 것입니다.

길이의 단위

mm, cm, m, km

1cm = 10mm / 1mm = 0.1cm

1m = 100cm / 1cm = 0.01m

1km = 1,000m / 1m = 0.001km

예제 1

다음 빈칸에 알맞은 **숫자**를 넣으세요.

(①   ) mm = 4cm = (②   ) m

(③   ) cm = 200m = (④   ) km

풀이 ① 4cm를 mm로 환산하면 4cm × 10 = 40mm

② 4cm를 m로 환산하면 4cm × 0.01 = 0.04m

③ 200m를 cm로 환산하면 200m × 100 = 20,000cm

④ 200m를 km로 환산하면 200m × 0.001 = 0.2km

정답 ① 40mm, ② 0.04m, ③ 20000cm, ④ 0.2km

예제

2 **연필의 길이**는 얼마일까요?

$(①\quad)\ \mathrm{cm} = (②\quad)\ \mathrm{mm}$

$\qquad\quad = (③\quad)\ \mathrm{m}$

풀이 ① 큰 눈금 하나는 1cm이고, cm 사이의 작은 눈금은 총 10칸이므로, 1칸이 1mm를
나타냅니다. 큰 눈금 다섯 칸과 작은 눈금 세 칸이므로, 총 5cm 3mm가 됩니다.
이것은 5.3cm로 나타낼 수 있습니다.

② 1cm = 10mm이므로, 5.3cm를 mm로 환산하면 5.3cm × 10 = 53mm입니다.

③ 1cm = 0.01m이므로, 5.3cm를 m로 환산하면, 5.3cm × 0.01 = 0.053m입니다.

정답 ① 5.3cm, ② 53mm, ③ 0.053m

확인 Check!  길이

1 내 키는 152cm이고, 다희의 키는 148cm입니다. 우리 둘의 키를 합치면 몇 m일까 요?

2 우리 집에서 문방구까지 850m이고, 문방구에서 시립도서관까지 1.2km입니다. 우 리 집에서 문방구에 들려 공책을 사고, 시립도서관에 가서 동화책을 빌리려고 합니 다. 총 몇 m를 가야 하나요?

풀이와 답

1. 먼저 두 명의 키를 더합니다. 152cm + 148cm = 300cm
단위가 cm이므로 m로 환산합니다.
300cm × 0.01m = 3m

2. 측정 단위의 사칙연산은 서로 단위를 맞춘 후 셈을 하면 편합니다.
1.2km를 m로 바꾸면 1200m입니다.
850m + 1200m = 2050m

정답 : **1.** 3m **2.** 2050m

개념 32 무게

초등 1, 3

무게란?

어떠한 물체가 얼마나 무거운지 가벼운지 숫자로 나타내는 것을 무게라고 합니다.

무게의 단위

mg, g, kg, t

1g = 1,000mg / 1mg = 0.001g

1kg = 1,000g / 1g = 0.001kg

1t = 1,000kg / 1kg = 0.001t

예제

1 다음 빈칸에 알맞은 숫자를 넣으세요.

(①   ) mg = 8g = (②   ) kg

(③   ) g = 1.1 kg = (④   ) t

풀이 ① 8g을 mg으로 환산하면 8g × 1,000 = 8,000mg

② 8g을 kg으로 환산하면 8g × 0.001 = 0.008kg

③ 1.1kg을 g으로 환산하면 1.1kg × 1,000 = 1,100g

④ 1.1kg을 t으로 환산하면 1.1kg × 0.001 = 0.0011t

정답 8,000mg, ② 0.008kg, ③ 1,100g, ④ 0.0011t

예제

2 연우가 강아지를 안고 체중계에 올라갔더니 33.2kg이에요.
연우의 몸무게가 31kg일 때, **강아지는 몇** g일까요?

풀이 문제는 몇 g인지 물어보고 있기 때문에, 답을 쓸 때는 꼭 g으로 단위 환산이 되었는지
확인해야 합니다.

연우의 몸무게(31kg) + 강아지 무게(□kg) = 33.2kg

□kg = 33.2kg − 31kg = 2.2kg

2.2kg × 1,000 = 2,200g

정답 2,200g

확인 Check!　　　　　　　　무게

1　책 10권이 들어 있는 상자의 무게가 5.4kg입니다.

　　빈 상자의 무게가 400g일 때, **책 한 권의 무게는 몇 kg일까요?**

2　트럭은 6t, 승용차는 1,500kg입니다. **트럭은 승용차보다 몇 배 더 무겁나요?**

풀이와 답

1. 책 10권 + 상자 = 5.4kg

　(책 한 권 □g x 10) + (상자 400g) = 5,400g

　10□g + 400g = 5,400g

　10□g = 5,400g − 400g = 5,000g

　□ = 500g

　책 한 권의 무게는 500g이고, 이것을 kg으로 환산하면 0.5kg입니다.

2. 6t을 kg으로 환산하면, 6t × 1,000 = 6,000kg입니다. 6,000kg = 1,500 × 4이므로,
　트럭은 승용차보다 4배 더 무겁습니다.

정답 : 1. 0.5kg **2.** 4배

개념 33 **넓이**

초등 5, 6

넓이란?

어떠한 물체의 크기가 넓고 좁은 것을 숫자로 나타낸 것입니다.
선분(가로의 길이)을 나란히 연속적으로 세로 방향으로 어느 길이(세로의 길이)만큼 모아
만든 것을 면적이라고 했을 때, 이것의 값을 구하는 것이 바로 넓이를 구하는 것입니다.

> 넓이 = 가로의 길이 × 세로의 길이

넓이의 단위

mm^2, cm^2, km^2

$1mm^2 = 1mm \times 1mm$

$1cm^2 \ = 1cm \times 1cm$

$\qquad = 10mm \times 10mm$

$\qquad = 100mm^2$

$1m^2 \quad = 1m \times 1m$

$\qquad = 100cm \times 100cm$

$\qquad = 10,000cm^2$

$1km^2 \ = 1km \times 1km$

$\qquad = 1,000m \times 1,000m$

$\qquad = 1,000,000m^2$

> 넓이의 단위에서 제곱(^{2})은 같은 수를
> 두 번 곱했다는 것을 나타내는 수학적
> 기호입니다.

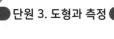

평면도형의 넓이

① 직사각형

직사각형의 넓이 = 가로 × 세로

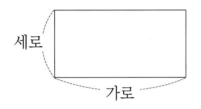

세로

가로

넓이를 구할 때는 '가로의 길이 × 세로의 길이'입니다.

🔆 TIPS 직사각형의 둘레는 (가로 + 세로) × 2입니다.

② 정사각형

정사각형의 넓이 = 한 변의 길이 × 한 변의 길이

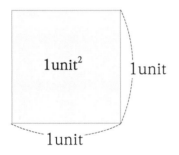

$1unit^2$

1unit

1unit

정사각형은 직사각형의 넓이 공식을 이용하여 넓이를 구하는데, 모든 변의 길이가 같기 때문에 같은 수를 두 번 곱하는 것과 같습니다.

🔆 TIPS 정사각형의 둘레는 한 변의 길이 × 4입니다.

③ 평행사변형

평행사변형의 넓이 = 직사각형의 넓이 = 가로 × 세로 = 밑변 × 높이

밑변

높이

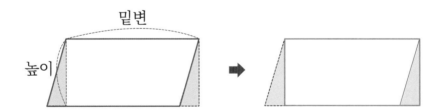

왼쪽 부분을 오른쪽으로 옮기면 직사각형 모양이 되므로, 직사각형의 넓이를 구하는 공식으로 구하면 됩니다.

🔆 TIPS 직사각형의 가로의 길이는 '밑변', 세로의 길이는 '높이'에 해당합니다.

밑변과 높이의 관계는 수직 관계입니다.

④ 삼각형

> 삼각형의 넓이 = 평행사변형의 넓이 ÷ 2
> = 밑변 x 높이 ÷ 2

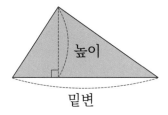

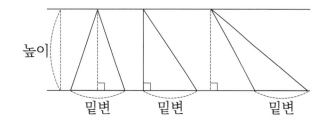

삼각형의 모양이 달라도, 밑변과 높이가 같으면 넓이는 같습니다.

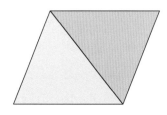

삼각형 두 개를 나란히 붙이면 평행사변형 모양이 되는데, 즉, 평행사변형은 삼각형 두 개의 넓이가 됩니다.

따라서 삼각형의 넓이는 평행사변형 넓이의 $\frac{1}{2}$ 이 됩니다.

⑤ 사다리꼴

> 사다리꼴의 넓이 = 평행사변형의 넓이 ÷ 2
> = 밑변(윗변의 길이 + 아랫변의 길이) x 높이 ÷ 2

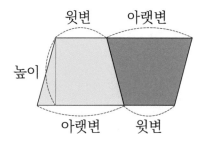

사다리꼴을 거꾸로 뒤집어 이어 붙이면 평행사변형 모양인데, 이때 사다리꼴의 윗변과 아랫변이 평행사변형의 밑변이 되고, 사다리꼴 두 개의 넓이는 평행사변형의 넓이와 같습니다.

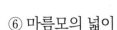

⑥ 마름모의 넓이

> 마름모의 넓이 = 직사각형의 넓이 ÷ 2
> = (한 대각선의 길이) x (다른 대각선의 길이) ÷ 2

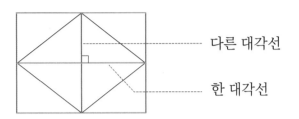

다른 대각선

한 대각선

마름모의 마주 보는 꼭짓점끼리 이은 선분(= 대각선)은 서로 수직이 됩니다.

마름모의 대각선은 직사각형의 가로(하늘색 선), 세로(보라색 선)와 같습니다

따라서 직사각형 넓이의 절반이 마름모의 넓이가 됩니다.

⑦ 원

원의 지름에 대한 원주(원의 둘레)의 비율을 원주율이라고 합니다.
원주율은 원의 크기에 관계없이 항상 일정한데, 3.1415926……과 같이 끝없이 이어집니다.
계산할 때는 3이나 3.14로 근사값을 사용합니다.

$$원주율 = 원주 ÷ 지름 = \frac{원주}{지름}$$

원주 = 반지름 x 2 x 원주율 = 지름 x 원주율

> 원의 넓이 = 직사각형의 넓이
> = 가로 x 세로
> = 원주 ÷ 2 x 반지름
> = 지름 x 원주율 ÷ 2 x 반지름
> = 반지름 x 2 x 원주율 ÷ 2 x 반지름
> = 반지름 x 반지름 x 원주율

원을 무수히 잘게 잘라 이어 붙이면 직사각형 모양에 가까워집니다.

이때 가로는 원주 ÷ 2의 길이가 되고, 세로는 반지름의 길이가 됩니다.

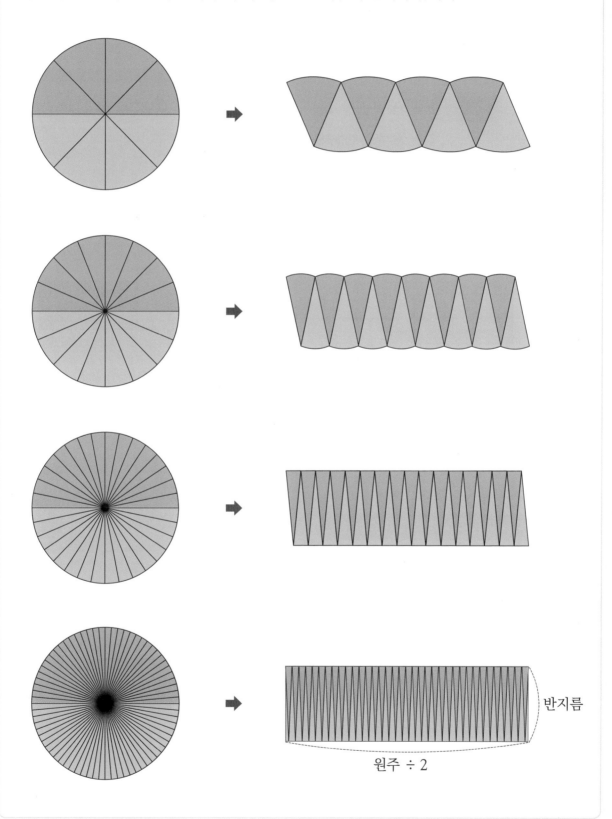

반지름

원주 ÷ 2

입체도형의 겉넓이

입체도형의 모서리를 잘라 펼쳐 놓으면, 평면의 그림이 됩니다. 이것을 전개도라고 합니다.
입체도형의 겉넓이는 입체도형에 있는 모든 면의 넓이의 합이 됩니다.

① 각기둥

직육면체의 겉넓이 = (보라색 면의 넓이 + 파란색 면의 넓이 + 연두색 면의 넓이) × 2

= **밑면의 넓이 × 2 + 옆넓이**

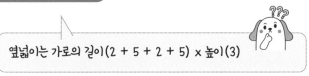
옆넓이는 가로의 길이(2 + 5 + 2 + 5) × 높이(3)

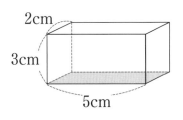

[직육면체의 겨냥도]

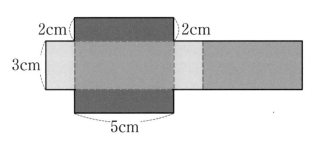

[직육면체의 전개도]

TIPS
같은 색깔의 면끼리
→ 서로 마주 보고 평행한다.
→ 서로 모양과 크기가 같은 합동이다.

정육면체의 겉넓이 = 한 면의 넓이 × 6

정육면체는 6개의 면이 모두 같은 넓이입니다.

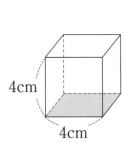

[정육면체의 겨냥도]

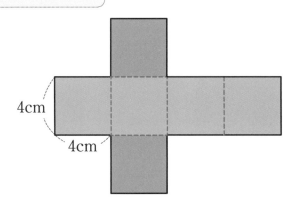

[정육면체의 전개도]

② 각뿔의 겉넓이

각뿔의 겉넓이 = 밑넓이 + 옆넓이

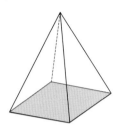

[사각뿔의 겨냥도]

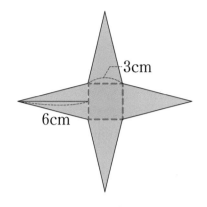

[사각뿔의 전개도]

사각뿔의 겉넓이 = (사각형의 넓이) + (삼각형의 넓이 × 4)

③ 원기둥

밑면의 둘레 = 밑면의 원주 = 밑면의 지름 × 원주율

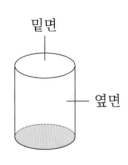

밑면

옆면

[원기둥의 겨냥도]

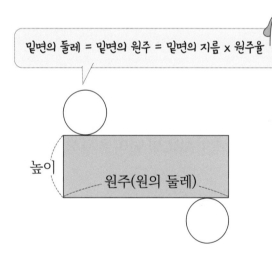

높이

원주(원의 둘레)

[원기둥의 전개도]

→ 원의 넓이 = 반지름 × 반지름 × 원주율

원기둥의 넓이 = (밑면의 넓이 × 2) + 옆면의 넓이

→ 직사각형의 넓이
　= 가로 × 세로
　= 원주 × 높이
　= 지름 × 원주율 × 높이

1 다음 **정사각형의 넓이**는 얼마일까요?

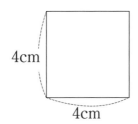

풀이 넓이를 구할 때는 '가로의 길이 × 세로의 길이'이므로, 4cm × 4cm = 16cm² 입니다.

넓이의 단위를 쓸 때는 **제곱(²) 단위**로 쓰는 것에 주의합니다.

정답 16cm²

2 **삼각형ABC의 넓이**를 구하세요.

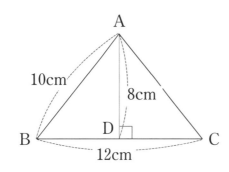

풀이 삼각형의 넓이를 구하는 공식은 '밑변 × 높이 ÷ 2'입니다.
밑변은 선분BC인 12cm, 높이는 밑변과 직각으로 만나는 선분AD입니다.

12 × 8 ÷ 2 = 48cm²

정답 48cm²

3 **사각기둥의 겉넓이**를 구하세요.

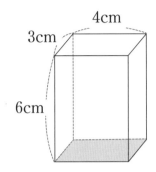

풀이 사각기둥의 겉넓이를 구하기 위해서는 사각기둥의 전개도를 먼저 생각합니다.

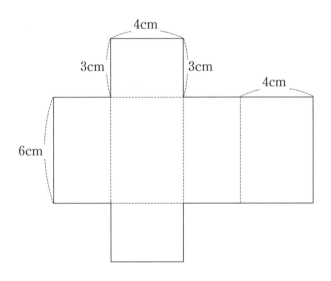

사각기둥은 총 6면인데, 마주 보는 면끼리 서로 합동입니다.

$(3 \times 4 + 3 \times 6 + 4 \times 6) \times 2 = 108\text{cm}^2$

또는 (밑변의 넓이 $\times$ 2) + (옆면의 넓이)

$= 12 \times 2 + (3 + 4 + 3 + 4) \times 6 = 24 + 84 = 108\text{cm}^2$

정답 108cm^2

확인 Check!   넓이

1   **사다리꼴ABCD의 넓이**를 구하세요.

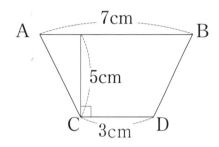

2   반지름이 3cm이고 높이가 6cm인 **원기둥**입니다.
다음 질문에 답하세요. (원주율은 '3'으로 계산하세요.)

① 한 밑면의 넓이를 구하세요.

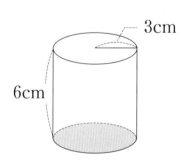

② 옆면의 넓이를 구하세요.

③ 원기둥의 겉넓이를 구하세요.

풀이와 답

1. 사다리꼴 넓이를 구하는 공식은 '(윗변의 길이 + 아랫변의 길이) × 높이 ÷ 2'입니다.
윗변은 7cm, 아랫변은 3cm, 높이는 5cm입니다.
$(7 + 3) \times 5 \div 2 = 25\text{cm}^2$

2. 원기둥의 겉넓이를 구하려면, 원기둥의 전개도를 먼저 생각합니다.

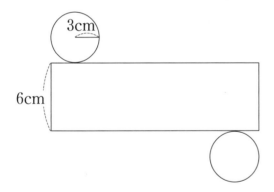

① 원기둥의 밑면은 원모양입니다.
　원 넓이를 구하는 공식은 '반지름 × 반지름 × 원주율'입니다.
　반지름은 3cm, 원주율은 3cm입니다. $3 \times 3 \times 3 = 27\text{cm}^2$
② 옆면은 직사각형 모양으로, 가로는 밑면의 둘레(원주)가 됩니다.
　밑면의 둘레 × 높이 = 원주 × 높이
　　= 반지름 × 2 × 원주율 × 6 = $3 \times 2 \times 3 \times 6 = 108\text{cm}^2$
③ 원기둥의 겉넓이를 구하는 공식은 '(밑면의 넓이 × 2) + 옆면의 넓이'입니다.
　밑면은 ①에서 구한 27cm²입니다.
　옆면은 ②에서 구한 108cm²입니다.
　$27 \times 2 + 108 = 162\text{cm}^2$

정답 : **1.** 25cm² **2.** ① 27cm², ② 108cm², ③ 162cm²

개념 34 **부피와 들이**

초등 3, 6

부피란?

어떠한 물체가 3차원 공간(입체)에서 얼마나 차지하는지 숫자로 나타낸 것입니다.

2차원 공간(평면)을 표현하는 넓이가 '가로의 길이 × 세로의 길이'라면, 부피는 여기에 높이를 추가로 곱하여 구합니다.

> 부피 = 가로의 길이 × 세로의 길이 × 높이

여기에서
'가로의 길이 × 세로의 길이'는 밑면의 넓이를 나타냅니다.

부피의 단위

mm^3, cm^3, m^3, mL, L

$1mm^3 = 1mm \times 1mm \times 1mm$

$1cm^3 = 1cm \times 1cm \times 1cm$

$1m^3 = 1m \times 1m \times 1m$

또 다른 단위는 mL와 L가 있습니다.

$1mL = 0.001L$

$1L = 1,000mL$

$1mL = 1cm^3$, $1L = 1,000cm^3$를 의미합니다.

부피의 단위에서 세제곱(^{3})은
같은 수를 세 번 곱했다는 것을 나타내는 수학적 기호입니다.

TIPS cm^3를 mL로 바꿀 때 수는 그대로 쓰고 단위만 바꾸면 됩니다.

입체도형의 부피

부피는 밑면의 넓이가 높이만큼 차지하는 공간의 크기입니다.

> 입체도형의 부피 = 밑면의 넓이 × 높이

들이란?

부피와 비슷해 보이지만, 약간 다릅니다. 부피는 어떤 입체가 차지하는 공간의 크기이고, 들이는 그릇 안쪽의 부피를 말합니다. 따라서 그릇의 두께만큼 빠집니다.

> 들이 = 부피 - 그릇의 두께가 차지하는 부피

1 **사각기둥의 부피**를 구하세요.

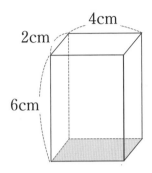

풀이 사각기둥의 부피를 구하는 공식은 '밑면의 넓이 × 높이'입니다.

$4 \times 2 \times 6 = 48cm^3$

정답 $48cm^3$

2 다음 그릇의 **들이**를 구하세요. (물의 부피를 구하는 것이 아닙니다.)

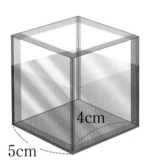

풀이 다음 그릇은 한 변이 5cm인 정육면체입니다.
그릇의 부피는 $5cm \times 5cm \times 5cm = 125cm^3$입니다.

그릇의 두께만큼 뺀 그릇 안의 한 변은 4cm입니다.
그릇의 들이는 $4cm \times 4cm \times 4cm = 64cm^3$입니다.

그릇의 두께 때문에 부피와 들이는 차이가 납니다.

정답 $64cm^3$

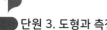

확인 Check! 부피와 들이

(1~3) **입체도형A의 부피**를 구하려고 합니다.
다음 질문에 답하세요.

1 삼각기둥인 **B**의 부피를 구하세요.

2 사각기둥인 **C**의 부피를 구하세요.

3 입체도형**A**(**B** + **C**)의 부피를 구하세요.

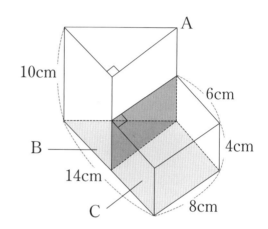

풀이와 답

입체도형A를 삼각기둥 B와 삼각기둥 C로 나눠서 부피를 구합니다.

1. 삼각기둥 B의 부피를 구하려면, '밑면의 넓이 × 높이'입니다. 밑면은 직각삼각형으로, 밑면의 넓이는 '밑변 × 높이 ÷ 2'입니다. 삼각형의 높이는 밑변과 직각인 변의 길이를 찾으면 되는데, 맞닿은 사각기둥의 변 8cm와 길이가 같습니다. 삼각형의 밑변의 길이를 구하려면, 삼각기둥 B와 사각기둥 C가 맞닿은 변의 길이가 14cm인데, 사각기둥의 변 6cm를 빼면 나머지 길이가 삼각형 밑변의 길이가 됩니다.

   삼각기둥 B의 부피 : 밑면의 넓이 × 높이 = 32 × 10 = 320cm³

      └─ 밑변(14 − 6) × 높이 (8) ÷ 2 = 32

2. 사각기둥 C의 부피는 밑면의 넓이(6 × 8) × 높이(4) = 192cm³

3. 입체도형A의 부피는 **1**에서 구한 B의 부피와 **2**에서 구한 C의 부피를 더합니다.
   320cm³ + 192cm³ = 512cm³

정답 : 1. 320cm³ **2.** 192cm³ **3.** 512cm³

개념 35 시간

시간이란?

시간은 우리의 생활에서 꼭 필요한 단위입니다.

언제 학교에 가야 하는지, 언제 친구와 만날 건지, 몇 시간 동안 숙제를 했는지에 대해 말할 때 쓰는 시간의 단위에 대해 알아볼게요.

시간의 단위

1년   = 12달(개월) = 365일

1달   = 약 30일

1일   = 24시간 = 오전 12시간 + 오후 12시간

1시간 = 60분

1분   = 60초

> 1, 3, 5, 7, 8, 10, 12월은 31일,
> 2월은 28일이나 29일입니다.
> 나머지 달은 30일입니다.

시계 보는 법

시계에는 '시'를 가리키는 짧은 바늘(시침)과 '분'을 가리키는 긴 바늘(분침)이 돌고 있습니다.

어떤 시계에는 초를 가리키는 또 다른 가는 바늘(초침)이 있기도 합니다.

짧은 바늘이 1~12 숫자를 가리키면 '시'를 나타냅니다.

그리고 1부터 12까지 숫자 사이에는 5개의 눈금이 있습니다. 1개의 눈금은 1분이나 1초를 나타냅니다. 총 60개의 눈금은 60분과 60초를 의미합니다.

분과 초를 빨리 파악하려면 구구단 5단을 외워 두면 편합니다.

예를 들어 짧은 바늘이 6을 가리키면 6시를 의미하고,

긴 바늘이 4를 가리키면 $4 \times 5 = 20$이므로, 20분을 나타냅니다.

하루 24시간 동안 시계의 짧은 바늘은 두 바퀴(한 바퀴에 12시간)를,

긴 바늘은 24바퀴(한 바퀴에 1시간)를 돌게 됩니다.

> 짧은 바늘은 긴 바늘이 회전하는 동안 조금씩 오른쪽으로 움직이기 때문에 숫자를 정확하게 가리키지 않을 수 있습니다.

시각과 시간

시각 : 시간의 어느 한 순간으로, 시계의 바늘이 가리키는 때

시간 : 두 시각 사이의 차이(양)

예 1. 이 영화는 <u>10시</u>에 시작해서 <u>12시</u>에 끝납니다. 영화는 <u>2시간</u> 상영합니다.
               시각   시각   시간

예 2. 지금은 오후 <u>8시</u>입니다. 오후 <u>7시</u>에 저녁 식사를 했습니다.
              시각   시각

   오후 <u>10시</u>에 잠자리에 듭니다.
        시각

   <u>1시간</u> 전에 저녁 식사를 했고, <u>두 시간</u> 후에 잠자리에 듭니다
     시간   시간

예제 **1** 다음 시계가 가리키는 **시각**을 알아보세요.

풀이   짧은 바늘과 긴 바늘이 가리키는 숫자를 확인합니다.

       짧은 바늘(시침)이 12를 가리키는데, 이것은 12시를 나타냅니다.

       긴 바늘(분침)은 2를 가리키는데, 이것은 10분($2 \times 5 = 10$(분))을 나타냅니다.

정답   12시 10분

2 예은이는 서울에서 기차를 타고 대전에서 내렸습니다.
예은이는 기차를 **몇 시간** 동안 탔나요?

기차를 탄 시각(오전)

기차를 내린 시각(오후)

풀이 기차를 탄 시각은 오전 11시 20분, 기차를 내린 시각은 오후 1시 30분입니다.

하루는 24시간이라, 오후 시간부터는 12를 더해서 오후 1시 30분을 13시 30분으로 바꿀 수 있습니다.

1시 30분 − 11시 20분 = 13시 30분 − 11시 20분 = 2시간 10분

정답 2시간 10분 동안 기차를 탔습니다.

 **확인 Check!** 시간

(1~2) 서진이가 부산행 고속버스를 타고 서울에서 출발했습니다.

출발 시각(오전)   도착 시각(오후)

1 **출발한 시각**과 **도착한 시각**을 쓰세요.

2 서울에서 부산까지 **몇 시간** 걸렸습니까?

풀이와 답

1. 출발한 시각 : 짧은 바늘은 10을 가리키므로 10시,
   긴 바늘은 7을 가리키므로 35분(7 × 5 = 35분)입니다.
   도착한 시각 : 짧은 바늘이 2를 가리키므로 2시,
   긴 바늘이 4를 가리키므로 20분(4 × 5 = 20분)입니다.
   출발한 시각은 오전 10시 35분, 도착한 시각은 오후 2시 20분입니다.
   도착한 시각이 오후이므로 14시 20분이라고도 표현할 수 있습니다.

2. '도착한 시각 − 출발한 시각 = 걸린 시간'입니다.
   14시 20분 − 10시 35분 = 13시 80분 − 10시 35분 = 3시간 45분
   TIPS 20분에서 35분을 뺄 수 없기 때문에 14시에서 받아내림을 해야 합니다. 1시간은 60분입니다.

   정답 : 1. 출발한 시각 : 오전 10시 35분, 도착한 시각 : 오후 2시 20분
   2. ① 출발한 시각 오전 10시 35분, 도착한 시각 오후 2시 20분 또는 14시 20분, ② 3시간 45분

메타인지 확인하기

1 빨간 연필과 파란 연필의 길이에 대한 설명입니다. 빈칸에 알맞은 말을 넣으세요.

→ 빨간 연필은 파란 연필보다 깁니다. 빨간 연필은 (   )cm, 파란 연필은 (   )cm입니다.
빨간 연필은 파란 연필보다 (   ) 더 깁니다.

2 제일 무거운 것부터 제일 가벼운 것으로 차례대로 나열해 보세요.

자동차 2t   소고기 600g   사과 1박스 12kg   알약 50mg

힌트 숫자보다는 무게의 단위를 먼저 확인합니다.
가장 무거운 단위는 톤(t)이고, 가장 가벼운 단위는 밀리그램(mg)입니다.

3 원의 넓이를 구하는 공식입니다. 빈칸에 알맞은 말을 넣으세요.

원의 넓이 = 원주 ÷ 2 × 반지름
= (   ) × (   ) × (   ) ÷ 2 × 반지름
= 반지름 × 반지름 × (   )

4 부피와 들이의 차이점을 설명해 보세요.

5 시간과 시각의 개념을 이해하기 위한 설명과 예입니다. 빈칸에 알맞은 말을 넣으세요.

(   )은 두 시각 사이의 차이이고, (   )은 시간의 어느 한 시점입니다.
예를 들어, 나는 밤 10(   )에 자고 아침 7(   )에 일어납니다. 나는 9(   )을 잡니다.

정답

메타인지 **확인하기**

1 빨간 연필과 파란 연필의 길이에 대한 설명입니다. 빈칸에 알맞은 말을 넣으세요.

→ 빨간 연필은 파란 연필보다 깁니다. 빨간 연필은 (12)cm, 파란 연필은 (8.5)cm입니다.
빨간 연필은 파란 연필보다 (3.5cm) 더 깁니다.

2 제일 무거운 것부터 제일 가벼운 것으로 차례대로 나열해 보세요.

자동차 2t   소고기 600g   사과 1박스 12kg   알약 50mg

알약 50mg, 소고기 600g, 사과 1박스 12kg, 자동차 2t

3 원의 넓이를 구하는 공식입니다. 빈칸에 알맞은 말을 넣으세요.

원의 넓이 = 원주 ÷ 2 × 반지름
           = (원주율) × (반지름) × (2) ÷ 2 × 반지름
           = 반지름 × 반지름 × (원주율)

4 부피와 들이의 차이점을 설명해 보세요.

풀이

부피는 어떤 입체가 차지하는 공간의 크기이고, 들이는 그릇 안쪽의 부피를 말합니다.
따라서 그릇의 두께만큼 부피가 빠집니다.
들이 = 부피 - 그릇의 두께가 차지하는 부피

5 시간과 시각의 개념을 이해하기 위한 설명과 예입니다. 빈칸에 알맞은 말을 넣으세요.

(시간)은 두 시각 사이의 차이이고, (시각)은 시간의 어느 한 시점입니다.
예를 들어, 나는 밤 10(시)에 자고 아침 7(시)에 일어납니다. 나는 9(시간)을 잡니다.

1 다음 그림을 보고 빈칸에 알맞은 말을 써넣으세요.

반직선 (   )

반직선 (   )

각 (   )

각 (   )

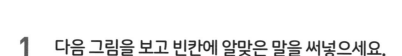

2 아래 그림과 같이 직각이등변삼각형을 한 번 접었어요. 각 a의 크기를 구하세요.

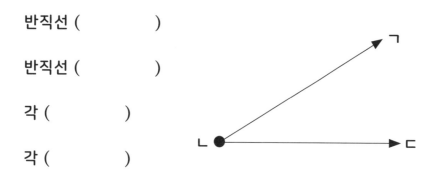

3 다음 그림을 보고, 가장 큰 원의 지름을 구하세요. (점A는 가장 큰 원의 중심입니다.)

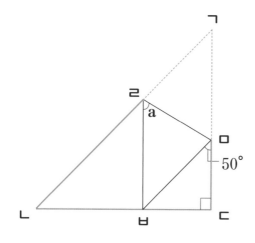

4 다음 입체도형의 모서리 개수를 구하세요.

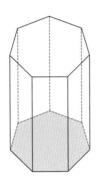

5 다음 직육면체를 보고, 전개도의 길이 a, b, c를 구하세요.

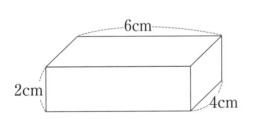

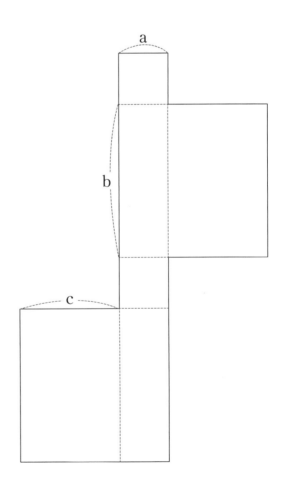

6 도은이는 오늘 집에서 학교, 학교에서 놀이터까지 걸어갔다가 다시 집으로 돌아
왔습니다. 도은이가 오늘 몇 m 걸었는지 구하세요.

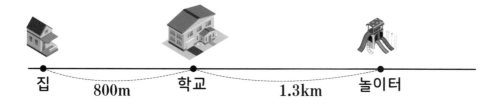

7 각 ①, ②, ③의 크기의 합을 구하세요.

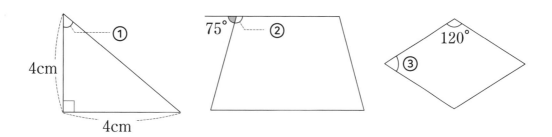

8 소고기 한 근은 600 g입니다. 엄마가 심부름으로 소고기 두 근 반을 사 오라고
하셨습니다. 소고기는 몇 kg을 사야 할까요?

1 다음 도형에서 예각, 직각, 둔각을 찾으세요.

① 각 ㄱㄴㄷ

② 각 ㄴㄷㄹ

③ 각 ㄷㄹㄱ

④ 각 ㄹㄱㄴ

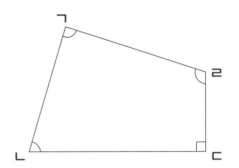

2 삼각형 ABC와 삼각형 DEF는 합동입니다. 삼각형 ABC의 둘레의 길이가 22cm일 때, 변 DF의 길이는 얼마인지 구하세요.

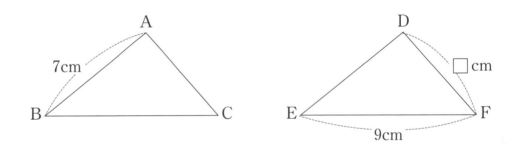

3 다음 그림과 같이 크기가 서로 다른 세 개의 정사각형을 붙였어요. 파란색 정사각형(B)의 한 변의 길이가 몇 cm인지 구하세요.

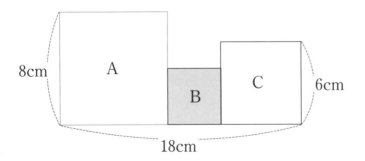

4 밑면이 정사각형으로 이루어진 사각뿔의 전개도입니다. 겉넓이를 구하세요.

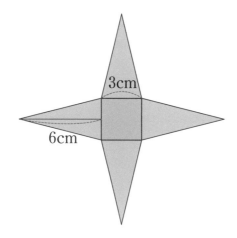

5 오각기둥의 꼭짓점 수와 오각뿔의 면의 수의 합을 구하세요.

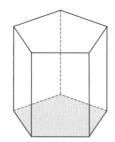 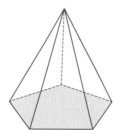

6 영진이는 친구와 나눠 먹으려고 우유 2L를 가져왔습니다.

5명이 똑같이 나눠 먹으려면 한 명이 마시는 양이 몇 mL인지 구하세요.

7 다음 도형에서 수직 관계인 선분과 평행 관계인 선분을 찾아 쓰세요.

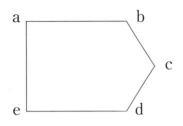

8 다음 도형에서 색칠된 부분의 넓이를 구하세요.

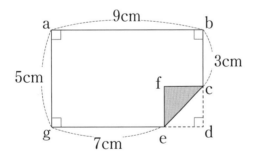

단원

자료와 가능성

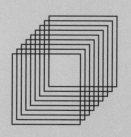

I 자료

초등 2, 3, 4, 6

개념 36 통계

통계란?

자료의 수집, 분류, 정리가 왜 필요할까요? 이런 과정을 통해 최대한 객관적이고 정확한 의사 결정을 할 수 있어요. 단순한 수치의 변화 제시나 자료들의 나열은 체계적인 정보를 전달하기 어렵습니다. 그래서 자료를 수집하고 보기 좋게 정리하여 표나 그래프로 쉽게 파악할 수 있도록 나타냅니다.

이렇게 어떠한 현상을 숫자로 표현하고 분석하는 것을 '통계'라고 합니다.

표로 정리하면?

조사한 자료의 정확한 수를 각 항목별로 쉽게 알 수 있고, 전체 합계를 바로 파악할 수 있습니다.

그래프로 정리하면?

조사한 자료의 항목별 수량이나 전체적인 경향을 비교하고 조사한 결과를 한눈에 알아보기 쉽습니다.

가장 많고 적은 것이 어떤 항목인지 빠르게 알 수 있습니다.

(1~2) 민지는 반려동물을 키우는 친구들 10명에 대해 조사했어요.

| 지안 – 개 | 민채 – 고양이 | 성혁 – 햄스터 | 태인 – 고양이 | 우진 – 개 |
| 예원 – 개 | 주원 – 새 | 동훈 – 개 | 다영 – 햄스터 | 은성 – 고양이 |

예제 1

자료를 정리하여 **표**를 만들어 보세요.

풀이 같은 동물을 키우는 친구들끼리 모아서 정리합니다.

개를 키우는 친구(4명) : 지안, 우진, 예원, 동훈

고양이를 키우는 친구(3명) : 민채, 태인, 은성

햄스터를 키우는 친구(2명) : 성혁, 다영

새를 키우는 친구(1명) : 주원

표로 정리하니, 각 동물들을 얼마나 키우는지 한눈에 파악할 수 있습니다.

정답

반려동물	개	고양이	햄스터	새	합계
친구 수	4	3	2	1	10

예제 2

조사한 결과를 **분석**해 보세요.

풀이 이 조사를 하게 된 동기와 목적은 반려동물을 키우는 사람들이 점점 더 많아지고 있는데, 어떤 동물을 가장 많이 키우는지 조사해 보기로 하고, 반려동물을 키우는 친구들 10명을 조사해 보았습니다.

정답 개를 키우는 친구들이 가장 많았고, 그 다음은 고양이를 키우는 친구들이 많았습니다. 개와 고양이를 제외하고, 햄스터와 새를 키우는 친구들도 있었습니다.

확인 Check!  통계

(1~2) 세호 네 반은 다음 주 학예회가 끝나고 반에서 다같이 먹을 간식을 무엇으로 할지 회의를 했어요. 그래서 세호는 반 친구들 20명이 좋아하는 간식을 조사했어요.

지민 - 치킨	연준 - 샌드위치	준성 - 만두	서인 - 피자	우혁 - 피자
예서 - 만두	은지 - 치킨	현기 - 피자	소진 - 치킨	민희 - 샌드위치
혁진 - 피자	성우 - 치킨	정미 - 만두	수지 - 샌드위치	하민 - 치킨
규린 - 치킨	우진 - 피자	채원 - 치킨	재민 - 만두	찬영 - 치킨

1 자료를 정리하여 **표**를 만들어 보세요.

2 조사한 결과를 **분석**해 보세요.

풀이와 답

1. 같은 간식을 좋아하는 친구들끼리 정리하고 표를 만듭니다.

피자를 좋아하는 친구(5명) : 서인, 우혁, 현기, 혁진, 우진,

치킨을 좋아하는 친구(8명) : 지민, 은지, 소진, 성우, 하민, 규린, 채원, 찬영

샌드위치를 좋아하는 친구(3명) : 연준, 민희, 수지

만두를 좋아하는 친구(4명) : 준성, 예서, 정미, 재민

간식 종류	피자	치킨	샌드위치	만두	합계
학생 수	5	8	3	4	20

2. 조사한 결과, 치킨을 좋아하는 친구들이 8명으로 가장 많고, 샌드위치를 좋아하는 친구들이 3명으로 가장 적습니다.

정답 : **1.** 풀이 참고 **2.** 세호 네 반은 치킨을 다음 주 학예회 후 먹을 간식으로 정할 것입니다.

개념 37 여러 가지 그래프

초등 2, 3, 4, 6

그래프 종류

그래프는 자료를 비교하거나 자료의 변화를 쉽게 파악할 수 있도록 그림으로 나타낸 것입니다.

① 그림 그래프 : 큰 수량은 큰 그림으로, 작은 수량은 작은 그림으로 나타낸 그래프.
어떠한 자료를 나타내는지 알기 쉽습니다.

빨간 색연필	‖‖‖‖‖ ‖‖‖‖‖
파란 색연필	‖‖‖ ‖
노란 색연필	‖‖‖‖

‖ 10개
‖ 1개

② 막대 그래프 : 조사한 수를 막대 모양으로 나타낸 그래프.
항목들의 가장 큰 값과 가장 작은 값을 한눈에 알 수 있습니다.

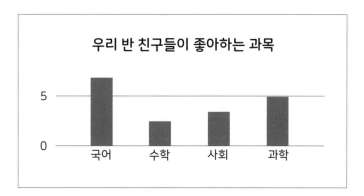

우리 반 친구들이 좋아하는 과목

③ 꺾은선 그래프 : 수량을 점으로 찍고 그 점들을 선분으로 연결한 그래프.
　　　　　　　 자료 값이 변화하는 모양과 정도를 파악하기 쉽습니다.

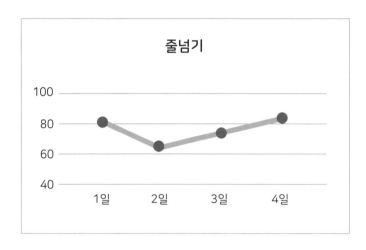

④ 원/띠 그래프 : 전체에 대한 각 부분의 비율을 원모양에 나타내면 원 그래프, 띠모양에
　　　　　　　 나타내면 띠 그래프. 각 항목의 비율이 한눈에 파악됩니다.

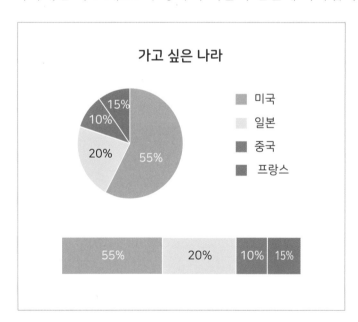

1 연우 네 반 학생들이 좋아하는 과일을 조사하여 나타낸 **막대 그래프**입니다.

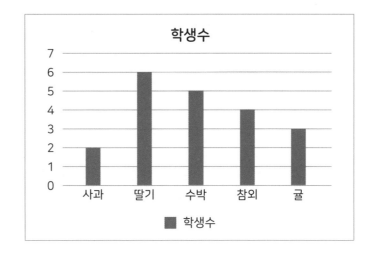

① 가장 많은 수의 학생들이 좋아하는 과일은 무엇입니까?

② 참외를 좋아하는 학생은 몇 명입니까?

풀이 막대 그래프는 가장 큰 값을 한눈에 알아볼 수 있습니다. 연우 네 반 학생들이 가장 좋아하는 과일은 딸기입니다.

정답 ① 딸기 ② 4명

예제 2

하랑이가 책을 읽은 페이지 수를 나타낸 **꺾은선 그래프**입니다.

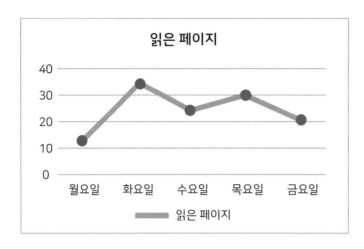

① **목요일**에는 몇 페이지를 읽었습니까?

② **가장 크게 증가한 때**는 언제입니까?

풀이 ① 왼쪽의 수치를 확인합니다.

② 그래프의 모양이 가파르게 변화한 곳을 찾는 문제입니다. 그래프의 모양에서 월요일과 화요일 사이가 가장 크게 변화했습니다.

정답 ① 30페이지 ② 월요일과 화요일 사이

확인 Check!  여러 가지 그래프

1 경원이 네 반 학생들의 성씨를 조사하였습니다.

김씨 6	이씨 4
박씨 2	최씨 1

① 이 자료를 **표와 막대 그래프**로 나타내세요.

② **가장 많은 학생수인 성씨**는 무엇입니까?

2 이번 주 기온을 조사하였습니다.

6월 11일 : 25도   6월 12일 : 31도   6월 13일 : 29도
6월 14일 : 32도   6월 15일 : 30도

① 이 자료를 **표와 꺾은선 그래프**로 나타내세요.

② **가장 기온의 변화가 큰 때**는 언제입니까?

풀이와 답

1. ①

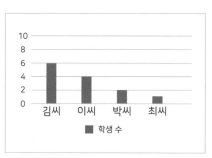

성씨	김	이	박	최
학생 수	6	4	2	1

② 막대 그래프는 가장 큰 값과 가장 작은 값을 한눈에 알기 쉬운 그래프입니다.
막대가 가장 긴 것은 6명인 김씨입니다.

2. ①

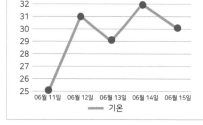

날짜	6/11	6/12	6/13	6/14	6/15
기온(도)	25	31	29	32	30

② 꺾은선 그래프는 자료값이 변화하는 모양과 정도를 파악하기 쉬운 그래프입니다. 그래프에서 경사선이 가장 많이 가파른 것은 11일에서 12일 사이입니다.

정답 : 1. ① 풀이 참고 ② 김씨 **2.** ① 풀이 참고 ② 11일과 12일 사이

개념 38 **평균**

평균이란?

주어진 자료의 값을 모두 더하여 자료의 수로 나눈 값을 평균이라고 합니다.
평균은 자료를 대표하는 값으로 사용할 수 있습니다.

평균 = 자료 값을 모두 더한 수 ÷ 자료의 수 = $\dfrac{\text{자료 값을 모두 더한 수}}{\text{자료의 수}}$

예제 1

우리 모둠 친구들의 시험 성적이에요. 다섯 명의 **평균 점수**를 구해 보세요.

학생	A	B	C	D	E
점수	80	70	90	60	100

풀이 다섯 명이므로 자료의 수는 5 입니다. 다섯 명의 점수를 모두 합한 것은

400점(80+70+90+60+100)입니다.

평균 점수는 $\dfrac{\text{자료 값을 모두 더한 수}}{\text{자료의 수}}$ 이므로, $\dfrac{400}{5}=80$입니다.

다섯 명의 평균 점수는 80점입니다.
다섯 명 중 평균 점수보다 높은 친구는 C
와 E 이고, 평균 점수보다 낮은 점수는 B
와 D입니다. A는 평균 점수와 같습니다.
이것을 막대 그래프로 나타내면 오른쪽과
같습니다.
이 자료를 보고 알 수 있는 내용입니다. C
와 E는 이 모둠의 평균 점수를 높이는데
기여했지만, B와 D는 그 반대입니다.

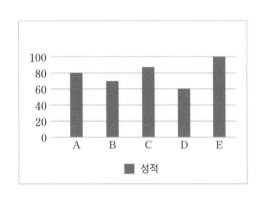

정답 80점

확인 Check!

평균

현서가 하루에 푼 문제 수를 정리한 표입니다.

현서가 5일 동안 하루 평균 12문제를 풀었다면 5일째는 **몇 문제**를 풀었을까요?

일	1일	2일	3일	4일	5일
푼 문제 수	14	8	15	12	★

풀이와 답

5일째 푼 문제 수를 ★로 하면 1일부터 5일까지 푼 문제 수는 $14+8+15+12+$★입니다.

이것을 자료의 수 5로 나누어 12가 되어야 합니다.

$$평균 = \frac{14+8+15+12+★}{5} = 12$$

$(49 + ★) \div 5 = 12$

$49 + ★ = 12 \times 5 = 60$

$★ = 60 - 49 = 11$

★은 11입니다. 5일째에는 11문제를 풀었습니다.

정답 : 11문제

개념 39 🔵🔵 가능성

가능성이란?

특정한 사건이 일어나기 기대하는 정도를 가능성이라고 하는데, 이것을 비율이나 백분율로 나타냅니다. 일어날 가능성이 없으면 0, 무조건 일어나면 1로 나타냅니다. 0에 가까울수록 가능성이 적고, 1에 다가갈수록 가능성이 크다는 것을 예측할 수 있습니다. 이것을 백분율로 생각하면 0은 0%, 1은 100%를 의미합니다.

<-------------------   ------------------->
_____

0 (0%)   1(100%)

$$가능성 = \frac{(특정\ 사건의\ 개수)}{(전체\ 사건의\ 개수)}$$

분모가 100이 되도록 수를 곱하면서 분자에 같은 수를 곱하면 백분율로 구할 수 있습니다.

가능성은 확률이라고도 합니다.

예제

1 주머니에 빨간 구슬 5개, 노란 구슬 3개, 파란 구슬 2개가 들어 있습니다.
손을 넣어 구슬을 하나 꺼낼 때 **각 구슬이 나올 가능성**을 알아보세요.

풀이 구슬은 총 10개이므로, 전체 사건의 개수는 10입니다.

10개 중 빨간 구슬이 5개이므로 나올 특정 사건의 개수는 5입니다.

가능성은 $\frac{5}{10}$ 입니다.

분모가 100이 되기 위해 분모와 분자에 각각 10을 곱합니다. 또는 100을 곱합니다.

$$\frac{5\times10}{10\times10}=\frac{50}{100}=50\% \quad 또는 \quad \frac{5}{10}\times100=50\%$$

노란 구슬이 나올 가능성은 $\frac{3}{10}$ 입니다. 백분율로 구하면 30%입니다.

파란 구슬이 나올 가능성은 $\frac{2}{10}$ 입니다. 백분율로 구하면 20%입니다.

결과를 보면, 빨간 구슬이 나올 가능성은 50%로 가장 높습니다.
모든 가능성을 합하면 100%가 됩니다.

정답 빨간 구슬 50%, 노란 구슬 30%, 파란 구슬 20%

확인 Check!  가능성

1 사탕 뽑기 기계에 딸기 맛 사탕 6개, 오렌지 맛 사탕 7개, 포도 맛 사탕 6개, 파인애플 맛 사탕 5개가 있습니다. 딸기 맛 사탕이 나올 가능성을 백분율로 구하세요.

2 주사위 던지기 놀이를 해요.

① 짝수가 나올 가능성을 백분율로 구하세요.

② 5가 나올 가능성을 백분율로 구하세요.

③ 8이 나올 가능성을 백분율로 구하세요.

풀이와 답

1. 사탕의 총 개수는 24개입니다.

딸기 맛이 나올 가능성은 $\dfrac{\text{딸기 맛 사탕의 개수}}{\text{사탕의 총 개수}} \times 100 = \dfrac{6}{24} \times 100 = 25\%$

2. ① 주사위에서 짝수는 2, 4, 6입니다. 총 여섯 개의 숫자 중 짝수는 세 개입니다.

전체 사건의 개수는 6, 특정 사건의 개수는 3입니다. $\dfrac{3}{6} \times 100 = 50\%$

짝수가 나올 가능성은 50%입니다.

② 주사위의 여섯 개의 숫자 중, 하나인 5가 나올 가능성은 다음과 같이 구합니다.

$\dfrac{1}{6} \times 100 = 16.666666\cdots$. 숫자가 딱 떨어지지 않으므로 어림수로 하여 약 17%라고 할 수 있습니다.

③ 주사위에는 1부터 6까지 있고, 8은 없는 숫자이므로, 나올 가능성은 없기 때문에 0%입니다.

정답 : **1.** 25% **2.** ① 50% ② 약 17% ③ 0%

메타인지 확인하기

1 다음 그래프를 보고 어떤 그래프인지 이름을 쓰고 특징을 설명해 보세요.

①

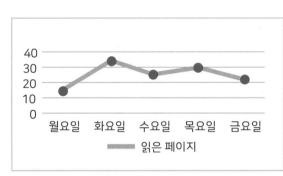

②

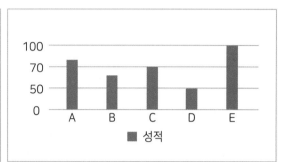

2 평균에 대해 설명해 보세요.

3 가능성이 0%와 100%가 의미하는 것에 대해 설명해 보세요.

정답

1 다음 그래프를 보고 어떤 그래프인지 이름을 쓰고 특징을 설명해 보세요.

①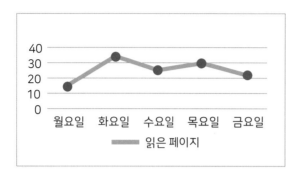

②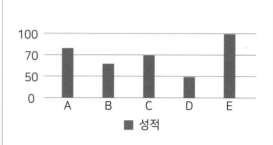

풀이

수량을 점으로 찍고 그 점들을 선분으로 연결한 꺾은선 그래프로, 자료 값이 변화하는 모양과 정도를 파악하기 쉽습니다.

풀이

조사한 수를 막대 모양으로 나타낸 막대 그래 프로, 항목들의 가장 큰 값과 가장 작은 값을 한눈에 알 수 있습니다.

2 평균에 대해 설명해 보세요.

풀이

주어진 자료의 값을 모두 더하여 자료의 수로 나눈 값을 평균이라고 합니다.
평균은 자료를 대표하는 값으로 사용할 수 있습니다.

3 가능성이 0%와 100%가 의미하는 것에 대해 설명해 보세요.

풀이

가능성은 특정한 사건이 일어나기 기대하는 정도를 말하며, 확률이라고 합니다.
이것을 백분율로 표현하는데, 일어날 가능성이 없으면 0%, 무조건 일어나면 100%입니다.

1 나무 문방구는 5월 셋째 주에 판매된 학용품을 조사하였습니다. 다음 자료를 정리하여 표로 만드세요.

월요일 공책 3권, 연필 4자루, 지우개 2개

화요일 공책 5권, 연필 1자루, 지우개 0개

수요일 공책 2권, 연필 3자루, 지우개 2개

목요일 공책 6권, 연필 10자루, 지우개 4개

금요일 공책 4권, 연필 2자루, 지우개 1개

2 1번 문제에서 표를 막대그래프로 표현하세요.

3 대진이네 반 친구들이 살고 있는 마을을 조사한 표입니다.
다음 표를 원 그래프로 나타내고, 가장 적은 비율의 마을을 찾으세요.

마을	A마을	B마을	C마을	D마을	합계
학생 수(명)	5	8	3	4	20

4 일주일 동안 가인이의 멀리뛰기 기록을 재어 정리한 표입니다.
가인이의 평균 기록을 구하세요.

요일	월	화	수	목	금	토	일
기록(cm)	140	150	150	160	155	145	150

5 다음 모둠의 평균 몸무게는 45kg입니다. 지헌이의 몸무게는 몇 kg일까요?

학생	혁재	시연	혜윤	로희	지헌
몸무게(kg)	49	40	42	46	

6 주머니에 흰 공 4개, 검은 공 5개, 빨간 공 □개가 들어 있습니다. 공 한 개를 꺼낼 때 검은 공일 확률이 $\frac{1}{3}$일 때, 빨간 공은 몇 개일까요?

7 호준이는 다음 시험 평균 85점을 받기 위해 열심히 공부하고 있습니다.

과목	국어	수학	영어	사회	과학
점수(점)		90	80	95	75

① 호준이는 국어를 몇 점 받아야 할까요?

② 총점이 30점 더 오른다면, 호준이의 평균 점수는 몇 점이 될까요?

8 아래 회전판을 돌릴 때, 다음 문제에 답하세요.

① 인형이 당첨될 가능성은 몇 %인가요?

② 아무것도 당첨되지 않을 가능성은 몇 % 인가요?

1 다음을 계산하세요.

① $82 + 47$

② $1234 - 567$

③ 85×177

④ $738 \div 27$

⑤ $42 \div (28 - 7) \times 5$

2 20과 44의 최대공약수 A와 125와 50의 최대공약수 B를 구하고, A와 B의 최소공배수 C를 구하세요.

3 무게가 같은 가방이 6개 들어 있는 상자를 재어 보니 2.7kg입니다. 2개를 빼고 다시 재어 보니 1.9kg입니다. 빈 상자의 무게는 몇 g일까요?

4 오렌지 주스 $2\frac{1}{3}$ L를 한 사람당 $\frac{1}{3}$ L씩 나누어 주려고 합니다. 몇 명에게 나누어 줄 수 있나요?

5 가로와 세로의 비가 5 : 4인 그림을 세로가 12cm인 크기로 프린트 하려고 합니다. 가로의 길이는 몇 cm일까요?

7 다음 선분bc의 길이를 구하세요. (두 원의 크기는 같습니다.)

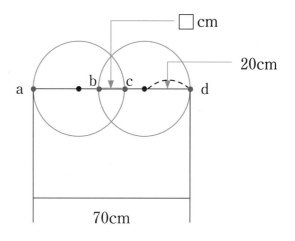

6 다음 이등변삼각형의 세 변의 합은 23cm입니다. 한 변의 길이가 5cm일 때 나머지 각 변의 길이를 구하세요.

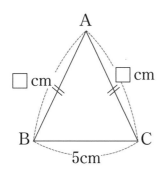

8 다음 정육면체는 한 변의 길이가 4cm 입니다. 모든 모서리의 길이를 합하면 얼마일까요?

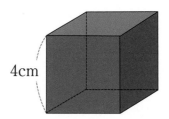

9 다음 중 길이가 <u>다른</u> 것을 고르세요.

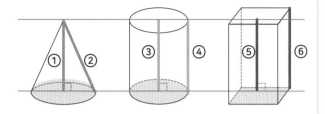

11 노아는 부산에 계시는 할머니 댁에 가기로 했습니다. 오전 8시에 출발하면 몇 시에 도착할까요?
노아 네 집에서 할머니 댁까지는 225분이 걸립니다. (교통 체증은 없습니다.)

10 길이가 2m인 리본을 40명이 똑같이 나누어 가지려고 합니다. 한 명이 가질 수 있는 리본은 몇 cm일까요?

12 갯벌 체험을 가서 각자 주운 조개의 무게입니다. 평균을 구하세요.

학생	조개(g)
수빈	450
민석	310
수경	620
주연	480
로이	290
다연	370

13 다음 빈칸에 알맞은 사각형의 이름을
써넣으세요.

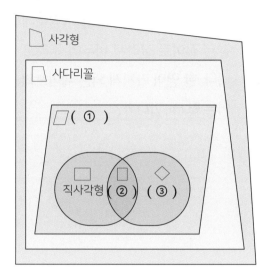

14 다음 세 분수의 크기를 비교하여 큰 순
서대로 쓰세요.

$$1\frac{32}{81} \qquad \frac{13}{27} \qquad \frac{75}{54}$$

1 다음을 계산하세요.

① $357 + 756$

② $736 - 174$

③ 742×48

④ $689 \div 4$

⑤ $(25 + 4 \times 5) \div 9$

2 18과 27의 최소공배수 A와 32와 48의 최소공배수 B를 구하고, A와 B의 최대공약수 C를 구하세요.

3 길이가 47.8m인 테이프를 4명에게 똑같은 길이로 잘라서 나누어 주려고 합니다. 한 명이 가지게 되는 테이프의 길이는 몇 cm입니까?

4 찬미는 어제 동화책 한 권의 $\dfrac{2}{5}$ 를 읽었습니다. 오늘은 나머지의 $\dfrac{1}{4}$ 을 읽었습니다.
오늘까지 읽은 양은 전체 동화책의 몇 분의 몇입니까?

5 장난감 가게에서 새로 나온 로봇 장난감을 20% 할인해서 18,000원에 판매했습니다.
로봇 장난감의 원래 가격은 얼마일까요?

7 다음 도형들의 변과 꼭짓점의 합을 각각 구하세요.

①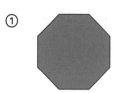

②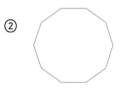

③

6 다음 마름모에서 ★의 각도를 구하세요.

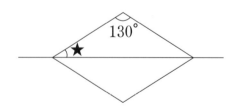

8 다음 사각기둥의 전개도에서 모서리 ik와 겹쳐지는 모서리를 찾으세요.

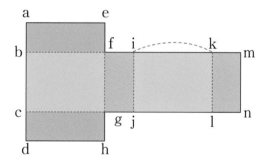

9 다음을 구하세요.

(삼각기둥의 모서리의 수)

＋ (육각뿔의 꼭짓점의 수)

－ (사각기둥의 면의 수)

10 다음 도형(A＋B)의 넓이를 구하세요.

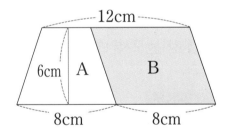

11 2.5L의 물을 300ml짜리 작은 물통에 옮겨 담으려고 합니다. 몇 병을 담을 수 있으며, 남은 물은 몇 L인가요?

12 다음 막대그래프는 호연이네 반 친구들이 먹은 탕후루입니다. 질문에 답하세요.

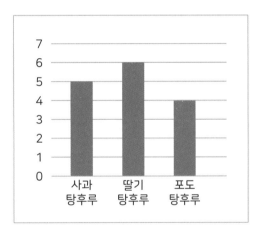

① 가장 많은 친구들이 먹은 탕후루는 무엇인가요?

② 사과 탕후루를 먹은 친구들이 전체 친구들 중 차지하는 비율을 분수로 나타내세요.

13 다음 소수와 분수의 크기를 비교하여 큰 순서대로 쓰세요.

$$0.48 \qquad \frac{7}{10}$$

$$1\frac{4}{5} \qquad 1.65$$

14 반직선 AB가 되려면 어떻게 이름을 써 넣어야 하는지 쓰고, 설명하세요.

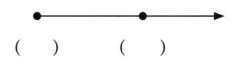

(   )   (   )

1 다음을 계산하세요.

① $448 + 656$

② $8114 - 278$

② 529×346

④ $5962 \div 37$

⑤ $180 - 4 \times (11 - 7) \times 10$

2 42와 72의 최대공약수 A와 32와 104의 최대공약수 B를 구하고, A와 B의 최소공배수 C를 구하세요.

3 어떤 수를 3으로 나누어야 하는데, 잘못하여 3을 곱했더니 18.36이 됐습니다. 바르게 계산한 결과를 구하세요.

4 집에서 학교는 $\frac{4}{7}$ km, 집에서 도서관은 $\frac{5}{9}$ km입니다. 집에서 가까운 곳은 어디입니까? 얼마나 가깝나요?

5 민지는 연필 2다스를 가지고 있어요. 친구 예준이와 하연이에게 5:3의 비율로 나누어 주려고 합니다. 각각 몇 자루씩 나누어 주어야 할까요?

6 다음 각DFC를 구하세요.

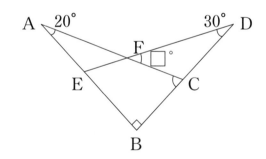

7 정사각형 5개를 이어 붙여서 만든 직사각형의 둘레의 길이가 144cm입니다. 정사각형의 한 변의 길이를 구하세요.

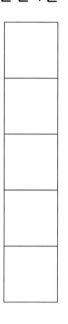

8 다음 눈사람은 머리의 지름이 몸의 반지름의 $\frac{2}{3}$ 입니다.
눈사람의 키를 구하세요.

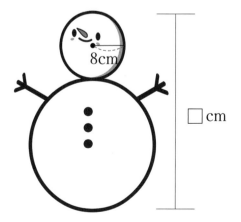

9 점 ㄷ은 원의 중심입니다. 각 ㄱㄴㄷ과 각 ㄱㅁㄹ의 합을 구하세요.

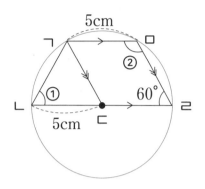

10 5kg을 담을 수 있는 수레에 책을 담아 옮기려고 합니다. 한 권에 350g인 책을 몇 권까지 담을 수 있을까요?

11 예빈이는 초등학생, 언니는 중학생, 오빠는 고등학생입니다. 오늘 예빈이는 5교시 수업, 언니는 4교시 수업, 오빠는 3교시 수업을 하고 집에 왔습니다. 집에 돌아온 순서대로 쓰세요.

(1교시 수업이 초등학교는 40분, 중학교는 45분, 고등학교는 50분입니다. 쉬는 시간은 각 10분씩, 수업 시작은 9시로 모두 같고, 수업이 끝나자마자 집에 돌아오는 속도는 같습니다. 점심 시간은 없는 것으로 계산합니다.)

12 주머니에 1에서 10까지의 숫자 카드가 있습니다. 5보다 작은 숫자 카드를 뽑을 가능성과 짝수를 뽑을 가능성을 합하면 몇 %인가요?

13 삼각형 ㄱㄴㄷ과 삼각형 abc가 합동인 이유를 설명하세요.

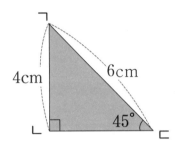

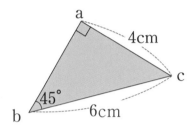

14 채연이는 어제 2,500원, 오늘 2,200원을 저금했습니다. 다빈이는 채연이가 어제와 오늘 저금한 돈의 2배보다 600원 더 많이 저금했습니다. 인수는 다빈이보다 3,400원 더 저금했습니다. 인수는 채연이보다 얼마나 더 많이 저금했는지 구하세요.

정답과 풀이

빠른 정답

1단원 평가 ①　　　85쪽

1. ① 200　② 850

2. ① 40 ⋯ 7　② 56 ⋯ 31　**3.** 70

4. ① 1.511　② 0.66

5. 2, 3, 4, 6　**6.** ① $\frac{5}{16}$　② 13

7. ②-①-③ / 7

8. ① 2　② 3　③ 54　④ 3　⑤ 15
　　⑥ 6　⑦ 5

1단원 평가 ②　　　88쪽

1. ① 38　② 126　**2.** ① 2914　② 44255

3. 8　**4.** ① 2　② 1.071

5. $\frac{15}{90}$, $\frac{10}{90}$, $\frac{6}{90}$　**6.** ① $2\frac{3}{4}$　② $\frac{2}{3}$

7. 51　**8.** 7시 55분

2단원 평가　　　107쪽

1. 금요일

2. 예시 답안　개미 다리의수 = 개미의수 × 6
　　개미의수 = 개미 다리의수 ÷ 6

3. ① 5 : 4　② 5 : 4　**4.** ②

5. ① 8　② 28　**6.** 165, 60

7. 20,400원　**8.** 42
① 나래는 외항끼리, 내항끼리 곱하지 않았습니다.
② 태영은 왼쪽의 수를 오른쪽으로 옮길 때
곱셈을 나눗셈으로 바꿔야 하는데 곱셈으로
계산했습니다.

3단원 평가 ①　　　181쪽

1. ㄴㄱ, ㄴㄷ, ㄱㄴㄷ, ㄷㄴㄱ

2. 70°　**3.** 24cm　**4.** 21개

5. a 2cm, b 6cm, c 4cm　**6.** 4,200m

7. 210°　**8.** 1.5kg

3단원 평가 ②　　　184쪽

1. ① 예각　② 직각　③ 둔각　④ 예각

2. 6cm　**3.** 4cm　**4.** 45cm²

5. 16　**6.** 400mL

7. 선분ab와 선분de는 평행 관계,
　　선분ae와 선분ab, 선분ae와 선분ed는
　　수직 관계

8. 2cm²

4단원 평가　　　20쪽

1. 예시 답안

	공책	연필	지우개
월	3	4	2
화	5	1	0
수	2	3	2
목	6	10	4
금	4	2	1

2.

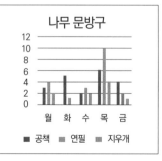

3.

학생수

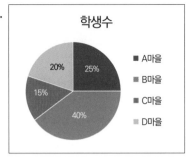

■ A마을
■ B마을
■ C마을
■ D마을

C마을

4. 150cm   **5.** 48kg   **6.** 6개

7. ① 85점 ② 91점

8. ① 20% ② 40%

총괄 평가 1회 206쪽

1. ① 129 ② 667 ③ 15045 ④ 27…9

⑤ 10

2. A 4, B 25, C 100   **3.** 300g   **4.** 7명

5. 15cm   **6.** 변 AB : 9cm, 변 AC : 9cm

7. 10cm   **8.** 48cm   **9.** ②   **10.** 5cm

11. 오전 11시 45분   **12.** 420g

13. ① 평행사변형 ② 정사각형 ③ 마름모

14. $1\frac{33}{81}$, $\frac{75}{54}$, $\frac{13}{27}$

총괄 평가 2회 210쪽

1. ① 1113 ② 562 ③ 35616

④ 172…1 ⑤ 5

2. A 54, B 96, C 6   **3.** 1,195cm

4. $\frac{11}{20}$ **5.** 22,500원   **6.** 25°

7. ① 16 ② 20 ③ 12   **8.** 모서리ae

9. 22   **10.** 84cm²   **11.** 0.1L

12. ① 딸기 탕후루 ② $\frac{1}{3}$

13. $1\frac{4}{5}$, 1.65, $\frac{7}{10}$, 0.48

14. 왼쪽 점에 A, 오른쪽 점에 B

총괄 평가 3회 214쪽

1. ① 1104 ② 7836 ③ 183034

④ 161…5 ⑤ 20

2. A 6, B 8, C 24   **3.** 2.04

4. 집에서 도서관이 $\frac{1}{63}$ 만큼 가깝습니다.

5. 예준 15자루, 하연 9자루   **6.** 40°

7. 12cm   **8.** 64cm   **9.** ① 60° ② 120°

10. 14권   **11.** 오빠, 언니, 예빈

12. 90%

13. 두 삼각형은 세 각의 크기가 같고, 세 변의 길이가 같으므로, 모양과 크기가 같은 합동입니다.

14. 8,700원

정답과 풀이

1단원 평가 ①

85쪽

POINT

1 서로 자릿수가 다른 수의 셈은 자릿수를 잘 맞춰야 하며, 받아올림이 있을 때 주의합니다.

정답 ① 200

풀이

일의 자리 $3 + 7 = 10$

→ 십의 자리로 받아 올립니다.

십의 자리 $40 + 50(+10) = 100$

→ 백의 자리로 받아 올립니다. (일의 자리에서 받아 올린 1을 빠뜨리지 않도록 주의합니다)

정답 ② 850

풀이

일의 자리 $1 + 9 = 10$

→ 십의 자리로 받아 올립니다.

십의 자리 $80 + 60(+10) = 150$

→ 백의 자리로 받아 올립니다.

백의 자리 $500 + 200(+100) = 800$

→ 십의 자리에서 받아 올린 1을 빠뜨리지 않도록 주의합니다)

POINT

2 나눗셈을 할 때는 나머지가 나누는 수보다 작아야 하는 것에 주의합니다.

정답 ① 40…7

풀이

$$\begin{array}{r} 40 \\ 23\overline{)927} \\ \underline{92} \quad \rightarrow 23 \times 4 \\ 7 \end{array}$$

정답 ② 56…31

풀이

$$\begin{array}{r} 56 \\ 81\overline{)4567} \\ \underline{405} \quad \rightarrow 81 \times 5 \\ 517 \\ \underline{486} \quad \rightarrow 81 \times 6 \\ 31 \end{array}$$

POINT

3 최소공배수를 구하는 방법으로는 공약수로 나누거나 곱셈식으로 찾을 수 있습니다.

정답 70

풀이

방법 1 $14 = 2 \times 7$

$35 = 5 \times 7$ → $7 \times 2 \times 5 = 70$

방법 2 $7\overline{)14 \quad 35}$
$2 \quad\ \ 5$ → $7 \times 2 \times 5 = 70$

POINT

4 소수의 뺄셈은 소수점 자리를 맞춰 계산하되, 받아내림이 있는 경우 주의합니다.

정답 ① 1.511

풀이

$$\begin{array}{r} \overset{1}{\cancel{1}}\ \overset{12}{\cancel{2}}\ \overset{9}{\cancel{10}}\ \overset{}{10} \\ 2.3\ 0\ 0 \\ -\ 0.7\ 8\ 9 \\ \hline 1.5\ 1\ 1 \end{array}$$
→ 소수자리의 빈곳에 0을 써넣고 계산하면 실수를 줄일 수 있습니다.

정답 ② 0.66

풀이

$$\begin{array}{r} \overset{0}{\cancel{0}}\ \overset{9}{\cancel{10}}\ \overset{}{10} \\ 1.0\ 3 \\ -\ 0.3\ 7 \\ \hline 0.6\ 6 \end{array}$$

POINT

5 약분은 분모와 분자의 공약수로 나누는데, 분모와 분자의 최대공약수로 나누면 한번에 기약분수가 됩니다.

정답 2, 3, 4, 6

풀이

분모 84와 분자 24의 최대공약수를 구하면 12이고, 12의 약수로 분모와 분자를 나눌 수 있습니다. 12의 약수는 1, 2, 3, 4, 6, 12입니다. 이 중, 보기에서 해당하는 숫자를 고르면 됩니다.

보기 2, 3, 4, 5, 6, 7, 8, 9

POINT

6 분수의 곱셈은 분모끼리 분자끼리 서로 곱하는 것입니다. 계산 과정에서 약분을 하면 셈을 좀 더 간단하게 할 수 있습니다. 대분수의 곱셈은 가분수로 바꿔서 계산합니다.

정답 ① $\dfrac{5}{16}$

풀이

$$\frac{7}{16} \times \frac{40}{56} = \frac{\overset{1}{7}}{\underset{2}{16}} \times \frac{\overset{5}{40}}{\underset{8}{56}} = \frac{5}{16}$$

정답 ② 13

풀이

$$3\frac{3}{4} \times 3\frac{7}{15} = \frac{\overset{1}{15}}{\underset{1}{4}} \times \frac{\overset{13}{52}}{\underset{1}{15}} = 13$$

POINT

7 혼합 계산에서는 곱셈과 나눗셈을 먼저 하고, 덧셈과 뺄셈을 그 다음으로 하는 것에 주의합니다. 단, 괄호로 묶여 있는 것이 제일 먼저 하는 계산입니다.

정답 ② − ① − ③ / 7

풀이

문제에서 덧셈이 괄호로 묶여 있기 때문에 5 + 2를 가장 먼저 계산합니다.

그리고 곱셈과 나눗셈은 순서대로 하기 때문에 앞의 곱셈을 두 번째로, 뒤의 나눗셈을 마지막으로 합니다.

$$6 \times (5 + 2) \div 6 = 7$$

① 5 + 2 = 7
② 6 × 7 = 42
③ 42 ÷ 6 = 7

POINT

8 108과 90의 공약수 중 가장 큰 수가 최대공약수입니다.

정답 ① 2   ② 3   ③ 54   ④ 3
      ⑤ 15   ⑥ 6   ⑦ 5

풀이

108과 90의 약수를 각각 구한 다음 공약수와 최대공약수를 구하는 방법, 곱셈식으로 찾는 방법, 공약수로 나누는 방법이 있습니다. 문제에서는 공약수로 나누어 구하는 방법을 제시하고 있습니다. ①에 들어갈 수 있는 수는 여러 개가 있지만, 두 번째 줄에서 90을 ①로 나누었을 때 45이어야 하므로, ①은 2입니다.

③은 108을 2로 나눈 54가 됩니다. 54를 ②로 나누었을 때, 18이어야 하므로, ②는 3이 됩니다. ②가 3이므로 ⑤는 15가 됩니다. 18과 15를 공통으로 나눌 수 있는 수는 3이므로, ④는 3이 됩니다. ⑥과 ⑦은 18과 15를 3으로 나눈 6과 5가 됩니다.

1단원 평가 ②　　　88쪽

POINT

1 같은 자리의 수끼리 뺄 수 없을 때 바로 윗자리에서 10을 받아내림하여 계산합니다.

정답 ① 38

풀이

일의 자리 3에서 5를 뺄 수 없기 때문에 십의 자리에서 10을 받아내림 합니다.

$13 - 5 = 8$

일의 자리에 10을 받아내림 했기 때문에 실제 셈은 $110 - 80$이 됩니다.

$110 - 80 = 30$

$30 + 8 = 38$

$$\begin{array}{r} \overset{\boxed{11}}{\cancel{1}}\overset{\boxed{10}}{\cancel{2}}\ 3 \\ -\ \ 8\ 5 \\ \hline 3\ 8 \end{array}$$

정답 ② 126

풀이

일의 자리 2에서 6을 뺄 수 없기 때문에 십의 자리에서 10을 받아내림 합니다.

$12 - 6 = 6$

십의 자리는 받아내림 때문에 0이므로, 백의 자리에서 100을 받아내림 합니다.

$100 - 80 = 20$

백의 자리는 받아내림 때문에 5가 됩니다.

$500 - 400 = 100$

$6 + 20 + 100 = 126$

$$\begin{array}{r} \overset{\boxed{5}}{\cancel{6}}\overset{\boxed{10}}{\underset{\boxed{0}}{\cancel{1}}}\ 2 \\ -\ \ 4\ 8\ 6 \\ \hline 1\ 2\ 6 \end{array}$$

POINT

2 두 자리 수 곱하기에서는 십의 자리를 곱할 때 십의 자리에 잘 맞춰서 계산한 결과를 써야 합니다.

정답 2914

풀이

$$\begin{array}{r} 4\ 7 \\ \times\quad 6\ 2 \\ \hline 9\ 4 \\ 2\ 8\ 2\ 0 \\ \hline 2\ 9\ 1\ 4 \end{array}$$

→ 47×2
→ 47×60

정답 44255

풀이

$$\begin{array}{r} 8\ 3\ 5 \\ \times\qquad 5\ 3 \\ \hline 2\ 5\ 0\ 5 \\ 4\ 1\ 7\ 5\ 0 \\ \hline 4\ 4\ 2\ 5\ 5 \end{array}$$

→ 835×3
→ 835×50

POINT

3 서로 다른 두 수의 공통된 약수 중, 가장 큰 수가 최대공약수입니다.

정답 8

풀이

24의 약수는 1, 2, 3, 4, 6, 8, 12, 24
56의 약수는 1, 2, 4, 7, 8, 14, 28, 56
24와 56의 공약수는 1, 2, 4, 8이고,
이 중 가장 큰 수인 최대공약수는 8입니다.
또 다른 방법으로 구하면 다음과 같습니다.

$$\begin{array}{r} 2\,)\underline{24\quad 56} \\ 2\,)\underline{12\quad 28} \\ 2\,)\underline{\ 6\quad 14} \\ 3\qquad 7 \end{array}$$

→ $2 \times 2 \times 2 = 8$

POINT

4 소수의 덧셈은 소수점 자리를 맞춰서 계산하되, 받아올림이 있는 경우 빠뜨리지 않도록 주의합니다.

정답 ① 2

풀이

$$
\begin{array}{r}
\boxed{1}\ \boxed{1}\ \ \ \\
1.6\,4 \\
+\ \ \ 0.3\,6 \\
\hline
2.0\,0
\end{array}
$$

💡**TIPS** 계산 결과가 자연수이므로, 소수점 아래0은 지웁니다.

정답 ② 1.071

풀이

$$
\begin{array}{r}
\boxed{1}\ \ \ \ \ \ \\
0.1\,2\,0 \\
+\ \ 0.9\,5\,1 \\
\hline
1.0\,7\,1
\end{array}
$$

POINT

5 분모가 다른 분수들의 분모를 같게 하는 것이 통분입니다. 이때 분모들의 최소공배수로 통분합니다.

정답 $\dfrac{15}{90}$, $\dfrac{10}{90}$, $\dfrac{6}{90}$

풀이

6, 9, 15의 최소공배수는 90입니다. 통분할 때는 분모와 분자에 같은 수를 곱합니다.

$$
\begin{array}{r}
3\,)\,\underline{6\quad 9\quad 15} \\
2\quad 3\quad 5
\end{array}
\qquad 3\times 2\times 3\times 5 = 90
$$

$$\frac{1\times 15}{6\times 15}=\frac{15}{90}$$

$$\frac{1\times 10}{9\times 10}=\frac{10}{90}$$

$$\frac{1\times 6}{15\times 6}=\frac{6}{90}$$

POINT

6 분수의 나눗셈은 그 수의 역수를 곱하는 것과 같습니다. 대분수의 셈은 가분수로 바꾼 후 계산합니다. 계산 결과가 가분수이면 대분수로 바꿔서 답을 씁니다.

정답 ① $2\dfrac{3}{4}$

풀이

$$\frac{7}{18}\div\frac{14}{99}=\frac{\overset{1}{\cancel{7}}}{\underset{2}{\cancel{18}}}\times\frac{\overset{11}{\cancel{99}}}{\underset{2}{\cancel{14}}}=\frac{11}{4}=2\frac{3}{4}$$

정답 ② $\dfrac{2}{3}$

풀이

$$2\frac{10}{12}\div 4\frac{1}{4}=\frac{34}{12}\div\frac{17}{4}=\frac{\overset{2}{\cancel{34}}}{\underset{3}{\cancel{12}}}\times\frac{\overset{1}{\cancel{4}}}{\underset{1}{\cancel{17}}}=\frac{2}{3}$$

POINT

7 자연수의 혼합 계산에서는 덧셈, 뺄셈보다 곱셈, 나눗셈을 먼저 해야 합니다. 그런데, 이 규칙대로 하지 않고 문제에 나온 순서대로 계산했기 때문에 답이 틀렸습니다. 문제에서는 곱셈인 3×2와 나눗셈 10×5를 먼저 계산해야 합니다.

정답 51

풀이

$$47 + 3 \times 2 - 10 \div 5 = \cancel{18}$$

$\boxed{1}$ $3 \times 2 = 6$

$\boxed{2}$ $10 \div 5 = 2$

$\boxed{3}$ $47 + 6 = 53$

$\boxed{4}$ $53 - 2 = 51$

POINT

8 지호와 윤호가 다시 만나려면 25와 35의 최소공배수를 구합니다.

정답 7시 55분

풀이

25의 배수 : 25, 50, 75, 100, 125, 150, 175, 200 …

35의 배수 : 35, 70, 105, 140, 175, 210 …

또는 다음과 같이 구합니다.

$$5)\underline{25 \quad 35}$$
$$5 \quad 7 \quad \rightarrow 5 \times 5 \times 7 = 175$$

25와 35의 최소공배수는 지호와 윤호가 가장 처음 만나는 시점입니다. 두 수의 최소공배수는 175이므로, 175분 만에 만납니다. 5시에서 175분이 지난 시각은 7시 55분입니다. (175분은 2시간 55분입니다. 한 시간은 60분입니다.)

2단원 평가   107쪽

POINT

1 일주일은 7일이므로, 한 주씩 지날 때마다 날짜는 7만큼 커집니다.

정답 금요일

풀이

일	월	화	수	목	금	토
					1	2
3	4	5	6	7	8(1+7)	9
10	11	12	13	14	15(8+7)	16
17	18	19	20	21	22(15+7)	23
24	25	26	27	28	29(22+7)	30

22는 7 × 3 + 1이므로 셋째 주 금요일이 됩니다.

POINT

2 대응이란 두 집합이나 값 사이의 관계를 나타냅니다. 두 값 사이의 규칙을 알면, 두 값의 대응 관계를 식으로 나타낼 수 있습니다.

정답 개미 다리의 수 = 개미의 수 × 6
개미의 수 = 개미 다리의 수 ÷ 6

풀이

개미와 개미 다리 사이의 규칙은 개미 한 마리 당 다리가 6개이므로, 개미가 한 마리씩 늘어날 때마다 개미 다리의 수는 '개미의 수 × 6' 만큼 늘어납니다.

개미의 수 (마리)	1	2	3	4 …
개미 다리의 수 (개)	6	12	18	24 …

POINT

3 A와 B를 비교할 때 A는 비교하는 양, B는 기준량이라고 합니다.

정답 ① 5 : 4
② 5 : 4

풀이

A : B = A 대 B
= A와 B의 비
= A의 B에 대한 비
= B에 대한 A의 비

닭의 수를 A, 오리의 수를 B라고 할 때,

① 닭과 오리 수의 비는 A : B = 25 : 20

간단한 자연수의 비로 나타내면 5 : 4입니다.

② 오리에 대한 닭의 비는 결국 A : B입니다.

4 가로와 세로의 비를 구하는데, 같은 수로 곱하거나 나누어도 비는 변하지 않습니다.

정답 ②

풀이

① 가로 4cm 세로 3cm인 메모지

  → 가로 : 세로＝4 : 3

② 가로 45cm 세로 35cm인 스케치북

  → 가로 : 세로 = 45 : 35 = 9 : 7

③ 가로 12cm 세로 9cm인 수첩

  → 가로 : 세로 = 12 : 9 = 4 : 3

④ 가로 88cm 세로 66cm인 담요

  → 가로 : 세로 = 88 : 66 = 4 : 3

POINT

5 비례식은 비율이 같은 두 비를 등호를 사용하여 나타낸 식입니다. 외항의 곱과 내항의 곱이 같습니다.

정답 ① 8   ② 28

풀이

① $5 : \square = 45 : 72$

  $\square \times 45 = 5 \times 72$

  $\square = 360 \div 45$

  $\square = 8$

② $\square : 63 = 4 : 9$

  $\square \times 9 = 63 \times 4$

  $\square = 252 \div 9$

  $\square = 28$

POINT

6 전체를 주어진 비로 나누는 것을 비례배분이라고 합니다. A를 B : C로 비례배분하는 식은 $A \times \dfrac{B}{B+C}$ 와 $A \times \dfrac{C}{B+C}$ 입니다. 이 식에 넣어 계산하면 A는 225, B : C는 11 : 4입니다.

정답 165, 60

풀이

$$225 \times \frac{11}{11+5} = 165$$

$$225 \times \frac{5}{11+5} = 60$$

225를 11 : 4로 나누면 165와 60이 됩니다.

POINT

7 12,000원 햄버거 두 세트를 사려면 24,000원이 필요합니다. 여기에 15% 할인권을 사용했고, 이때 주의할 점은 15%만큼 할인을 받은 것이므로 원래 금액 24,000원에서 할인 받은 금액을 빼야 합니다.

정답 20,400원

풀이

$24{,}000 \times 0.15$ 또는 $24000 \times \dfrac{15}{100}$ 를 계산하면 3,600원이 나옵니다.

24,000원 - 3,600원 = 20,400원

다른 방식으로 15%를 할인 받아 85%의 금액을 내는 것이므로 24000×0.85 또는 $24000 \times \dfrac{85}{100}$ 를 계산해도 됩니다.

POINT

8 비례식은 '외항의 곱 = 내항의 곱'인데, 나래 는 외항끼리 내항끼리 곱하지 않았습니다. 태영은 '외항의 곱 = 내항의 곱' 식을 잘 세웠 는데, 두 번째 줄에서 왼쪽의 5를 오른쪽으로 옮길 때 곱셈을 나눗셈으로 바꿔야 합니다.

정답 42

풀이

$7 : 5 = \square : 30$
$5 \times \square = 7 \times 30$
$\square = 210 \div 5$
$\square = 42$

3단원 평가 ① 181쪽

POINT

1 반직선은 한 점에서 시작하여 다른 한쪽으 로 끝없이 늘인 곧은 선입니다.

정답 ㄴㄱ, ㄴㄷ, ㄱㄴㄷ, ㄷㄴㄱ

풀이

두 개의 반직선은 점ㄴ에서 시작하므로 먼저 써야 하는 것에 주의합니다.
반직선ㄴㄱ, 반직선ㄴㄷ
점ㄴ은 또한 각의 꼭짓점입니다.
각ㄱㄴㄷ, 각ㄷㄴㄱ

POINT

2 직각이등변 삼각형이므로 직각을 뺀 나머 지 두 각의 크기가 같습니다.

정답 70°

풀이

삼각형의 세 각의 합은 180°이므로 직각 90°를 뺀 나머지 90°를 둘로 나누면 한 각의 크기는 45° 입니다. 삼각형ㄱㄹㅁ을 접어서 삼각형ㄹㅂㅁ에

포개어지므로, 두 삼각형은 합동입니다.
따라서 각ㄹㅂㅁ은 45°가 됩니다.
각ㄱㅁㄹ과 각ㅂㅁㄹ은 같은 크기가 되는데,
이는 $(180° - 50°) \div 2 = 65°$가 됩니다.
각ㄱㄹㅁ과 각ㅁㄹㅂ도 합동으로 크기가 같은데,
$180° - (45° + 65°) = 70°$이므로,
a(각ㅁㄹㅂ)도 70°입니다.

POINT

3 노란 색 원 두 개의 지름의 합은 가장 큰 원 의 반지름이 됩니다.

정답 24cm

풀이

노란 색 원의 반지름은 3cm이므로, 노란 색 원 두 개의 지름의 합은 12cm입니다. 이것은 큰 원의 반지름이 되므로, 큰 원의 지름은 24cm입니다.

POINT

4 주어진 입체도형은 칠각기둥입니다.
$\square$각기둥의 모서리의 개수는 '$\square \times 3$'개입 니다.

정답 21개

풀이

칠각기둥이므로 $7 \times 3 = 21$,
모서리의 개수는 21개입니다.

POINT

5 a는 높이, b는 밑면의 가로, c는 밑면의 세로가 됩니다.

정답 a 2cm, b 6cm, c 4cm

풀이

직육면체의 겨냥도에서 높이는 2, 밑면의 가로 는 6, 밑면의 세로는 4입니다.

6 단위가 m와 km가 같이 나와 있을 때는 단위를 환산하여 같은 단위로 맞춘 다음 계산하는 것이 좋습니다.

1,000m = 1km입니다.

정답 4,200m

풀이

집에서 학교까지 800m, 학교에서 놀이터까지는 1.3km = 1,300m입니다.

놀이터에서 집까지는 1,300m + 800m = 2,100m입니다.

도은이는 집에서 학교, 학교에서 놀이터, 다시 놀이터에서 집까지 걸어간 것이므로 이 모두를 더하면 800m + 1,300m + 2,100m = 4,200m입니다.

도은이는 오늘 4,200m를 걸었습니다.

POINT

7 ①은 직각이등변 삼각형이기 때문에 직각을 뺀 남은 두 각의 크기가 같습니다.

② 180°에서 주어진 각 75°를 빼면 구할 수 있습니다.

③ 마름모는 마주 보는 각의 크기가 같고, 사각형이기 때문에 네 각의 합이 360°입니다.

정답 210°

풀이

① 180° − 90° = 90°, 90° ÷ 2 = 45°

② 180° − 75° = 105°

③ 주어진 각이 120°이고, 마주 보는 각도 120°이므로, 360° − (120° × 2) = 120°입니다. 남은 두 각의 합이 120°이므로, 2로 나누면 한 각의 크기가 60°임을 알 수 있습니다.

① + ② + ③ = 45° + 105° + 60° = 210°입니다.

POINT

8 무게의 단위는 g, kg입니다.

1,000g = 1kg입니다.

정답 1.5kg

풀이

소고기 두 근 반은 1,500g입니다.

$$(600\,g \times 2) + \left(600\,g \times \frac{1}{2}\right) = 1200\,g + 300\,g$$
$$= 1500\,g$$

1,500g을 kg으로 환산하면, 1.5kg입니다.

3단원 평가 ②　　184쪽

POINT

1 직각은 90°, 예각은 0°보다 크고 직각보다 작은 각이고, 둔각은 직각보다 크고 180°보다 작은 각입니다.

정답 ① 예각, ② 직각, ③ 둔각, ④ 예각

풀이

각ㄱㄴㄷ과 각ㄹㄱㄴ은 직각보다 작은 각이므로 예각, 각ㄴㄷㄹ은 90°이므로 직각, 각ㄷㄹㄱ은 직각보다 큰 각이므로 둔각입니다.

POINT

2 모양과 크기가 같아서 포개었을 때 완전히 겹쳐지는 두 도형을 '합동'이라고 합니다.

정답 6cm

풀이

삼각형ABC와 삼각형DEF가 합동일 때 변AB의 대응변은 변DE입니다. 변AB = 변DE = 7cm입니다. 삼각형ABC의 둘레가 22cm이므로, 삼각형DEF의 둘레도 22cm입니다. 따라서 변DF는 22 − 7 − 9 = 6입니다. 변DF의 길이는 6cm입니다.

POINT

3 정사각형은 네 변의 길이가 같은 사각형입니다.

정답 4cm

풀이

사각형A의 네 변은 모두 8cm, 사각형C의 네 변은 모두 6cm입니다. 사각형 A, B, C의 각 한 변의 길이의 합이 18cm이므로 사각형B의 한 변의 길이를 □라고 하면, 8+□+6=18입니다. □는 4cm입니다.
사각형B의 한 변의 길이는 4cm입니다.

POINT

4 사각뿔의 겉넓이 = (사각형의 넓이) + (삼각형의 넓이 × 4)

정답 45cm²

풀이

사각뿔의 밑면은 한 변의 길이가 3cm인 정사각형입니다. 정사각형의 넓이는 '가로 × 세'로이므로, 3 × 3 = 9cm²입니다. 삼각형의 넓이는 '밑변 × 높이 ÷ 2'이므로, 3 × 6 ÷ 2 = 9cm²입니다.
사각뿔의 겉넓이는 (정사각형의 넓이 9cm²) + (삼각형의 넓이 9cm² × 4) = 45cm²입니다.

POINT

5 □각기둥의 꼭짓점 수는 □ × 2, □각뿔의 면의 수는 □ + 1입니다.

정답 16

풀이

오각기둥의 꼭짓점 수는 5 × 2 = 10,
오각뿔의 면의 수는 5 + 1 = 6입니다.
두 개를 합치면 16입니다.

POINT

6 2L를 5명이 나누어 먹는 것이므로 나눗셈 문제입니다. 나누어지는 수가 나누는 수보다 작기 때문에, 몫이 소수로 나옵니다.
1L = 1,000mL 입니다.

정답 400mL

풀이

2L ÷ 5명 = 0.4L
한 명이 마시는 양은 0.4L입니다.
mL로 바꾸면 0.4 × 1,000 = 400mL입니다.

POINT

7 두 직선이 만나서 직각을 이루면 수직 관계이고, 서로 만나지 않는 두 직선의 관계가 평행 관계입니다.

정답 선분ab와 선분ed는 평행 관계, 선분ae와 선분ab, 선분ae와 선분ed는 수직 관계

풀이

선분ab와 선분ed는 서로 만나지 않는 평행 관계, 선분ae와 선분ab, 선분ae와 선분ed는 서로 직각을 이루는 수직 관계입니다.

POINT

8 삼각형의 넓이 = 밑변 × 높이 ÷ 2입니다.

정답 2cm²

풀이

직사각형의 접힌 부분인 삼각형cfe와 남은 부분인 삼각형cde는 합동이고, 직각삼각형입니다.
선분ge의 길이가 7cm이므로, 선분ed의 길이는 2cm, 선분bc의 길이가 3cm이므로 선분cd의 길이는 2cm입니다.
따라서 선분fc와 선분ed 모두 2cm입니다.
삼각형cfe의 넓이는 밑변 × 높이 ÷ 2 = 2 × 2 ÷ 2 = 2cm²입니다.

4단원 평가

203쪽

POINT

1 조사한 자료를 표로 정리하면 각 항목별로 수치를 쉽게 알 수 있습니다.

풀이

표는 가로행과 세로열에 어떤 항목을 넣을 것인가에 따라 조금씩 차이가 있습니다.

예시 1

요일 \ 학용품	공책	연필	지우개
월	3	4	2
화	5	1	0
수	2	3	2
목	6	10	4
금	4	2	1

예시 2

학용품 \ 요일	월	화	수	목	금
공책	3	5	2	6	4
연필	4	1	3	10	2
지우개	2	0	2	4	1

POINT

2 막대 그래프는 조사한 수를 막대 모양으로 나타낸 그래프입니다. 항목들의 가장 큰 값과 가장 작은 값을 한 눈에 알 수 있습니다.

정답

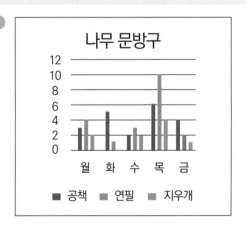

POINT

3 원 그래프는 전체에 대한 각 부분의 비율을 원모양으로 나타낸 그래프입니다. 각 항목의 비율을 한 눈에 파악하기 좋습니다.

정답 C마을

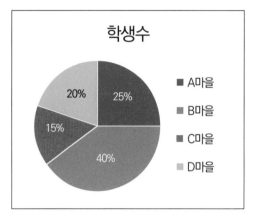

풀이

각 마을의 학생수를 백분율로 나타내면,

A마을은 $\frac{5}{20} \times 100 = 25\%$,

B마을은 $\frac{8}{20} \times 100 = 40\%$,

C마을은 $\frac{3}{20} \times 100 = 15\%$,

D마을은 $\frac{4}{20} \times 100 = 20\%$입니다.

원 그래프에서 비율을 가장 많이 차지하는 것은 B마을이고, 가장 적게 차지하는 것은 C마을입니다.

POINT

4 평균 = 자료값을 모두 더한 수 ÷ 자료의 수

$$= \frac{\text{자료값을 모두 더한 수}}{\text{자료의 수}}$$

정답 150cm

풀이

자료값을 모두 더한 수는
$140 + 150 + 150 + 160 + 155 + 145 + 150 = 1050$, 자료의 수는 7입니다.

1050 ÷ 7 = 150입니다.
가인이의 멀리뛰기 평균은 150cm입니다.

POINT

5 자료값을 모두 더한 수를 자료의 수 5로 나눈 평균이 45kg일 때, 자료값을 모두 더한 수는 45 × 5입니다.

정답 48kg

풀이

지현이의 몸무게를 □라고 했을 때,
(49 + 40 + 42 + 46 + □) ÷ 5 = 45입니다.
177 + □ = 45 × 5
□ = 225 − 177 = 48
지현이의 몸무게는 48kg입니다.

POINT

6 가능성 = $\dfrac{\text{특정 사건의 개수}}{\text{전체 사건의 개수}}$ 입니다.

정답 6개

풀이

빨간 공의 개수를 □라고 하면, 전체 공의 개수
는 '4 + 5 + □'입니다.

검은 공이 나올 가능성이 $\dfrac{1}{3}$ 인 것은

$\dfrac{1}{3} = \dfrac{5}{4+5+□}$ 이므로, □는 6입니다.

따라서 빨간 공은 6개 들어 있습니다.

POINT

7 다섯 과목의 평균이 85점이 되려면 총점이
85 × 5 = 425점이 되어야 합니다.

정답 ① 85점 ② 91점

풀이

① 호준이의 국어 점수를 □라고 할 때,

(□ + 90 + 80 + 95 + 75) ÷ 5 = 85입니다.
340 + □ = 85 × 5
□ = 425 − 340 = 85
호준이는 국어를 85점 받으면 평균 85점이
됩니다.

② 총점이 30점 더 오르면 425 + 30 = 455점이 됩
니다. 다섯 과목으로 나누면 91점이 됩니다.
또는 30점을 다섯 과목으로 나누면 평균 6점
이 더 오르는 것이므로 기존 85점에 6점을 더
해 91점이 됩니다.

POINT

8 가능성을 백분율로 바꿀 때 분모가 100이
되도록 수를 곱하는데, 이때 분자에도 같은
수를 곱합니다.

정답 ① 20% ② 40%

풀이

① 전체 다섯 칸 중 인형의 칸이 나올 가능성은

$\dfrac{1}{5}$ 이므로, 이를 백분율로 바꾸면

$\dfrac{1 \times 20}{5 \times 20} = \dfrac{20}{100}$

20%입니다.

② 아무것도 당첨되지 않는 꽝은 두 칸이므로,

가능성은 $\dfrac{2}{5}$ 이고, 이를 백분율로 바꾸면

$\dfrac{2 \times 20}{5 \times 20} = \dfrac{40}{100}$

40%입니다.

총괄 평가 1회

206쪽

POINT

1 사칙연산에서는 자리수를 맞춰서 계산하는 것과 받아올림과 받아내림에 주의합니다. 혼합 계산은 곱셈, 나눗셈을 덧셈, 뺄셈보다 먼저 해야 합니다.

정답 ① 129

풀이

$$
\begin{array}{r}
82 \\
+\ 47 \\
\hline
129
\end{array}
$$

정답 ② 667

풀이

$$
\begin{array}{r}
\overset{11}{\cancel{1}}\overset{12}{\cancel{2}}\overset{10}{\cancel{3}}4 \\
-\ \ 567 \\
\hline
667
\end{array}
$$

정답 ③ 15045

풀이

$$
\begin{array}{r}
85 \\
\times\ 177 \\
\hline
595 \\
5950 \\
8500 \\
\hline
15045
\end{array}
$$

→ 85 × 7
→ 8 × 70
→ 85 × 100

정답 ④ 27⋯9

풀이

$$
\begin{array}{r}
27 \\
27\overline{)738} \\
54 \\
\hline
198 \\
189 \\
\hline
9
\end{array}
$$

→ 27 × 2

→ 27 × 7

정답 ⑤ 10

풀이

괄호에 있는 28 − 7을 먼저 계산합니다.

$42 \div (28 - 7) \times 5$

$=\ 42 \div \boxed{21} \times 5$

$=\ \boxed{2} \times 5$

$=\ 10$

POINT

2 최대공약수는 서로 다른 두 수의 공약수 중 가장 큰 수, 최소공배수는 서로 다른 두 수의 공배수 중 가장 작은 수입니다.

정답 A 4, B 25, C 100

풀이

A 구하기

$$
\begin{array}{r}
2)\underline{20\quad 44} \\
2)\underline{10\quad 22} \\
5\quad 11
\end{array}
$$
→ 2 × 2 = 4

B 구하기

$$
\begin{array}{r}
5)\underline{125\quad 50} \\
5)\underline{\ 25\quad 10} \\
5\quad 2
\end{array}
$$
→ 5 × 5 = 25

A(4)와 B(25)의 최소공배수는 C(100)입니다.

POINT

3 가방이 6개 들어 있는 상자는 2.7kg, 가방이 4개 들어 있는 상자는 1.9kg이면, 가방 두 개의 무게는 0.8kg인 것을 알 수 있습니다. 문제에서 몇 g인지 물어봤기 때문에 답을 쓸 때 단위에 주의합니다.

정답 300g

풀이

가방 한 개의 무게는 0.4kg. 가방을 뺀 빈 상자의 무게는 0.3kg입니다. g으로 환산하면 300g이 됩니다.

POINT

4 분수의 나눗셈 문제인데, 대분수는 가분수로 바꿔서 계산합니다.

정답 7명

풀이

$$2\frac{1}{3} \div \frac{1}{3} = \frac{7}{3} \div \frac{1}{3} = \frac{7}{\cancel{3}_1} \times \frac{\cancel{3}^1}{1} = 7$$

7명이 나누어 먹을 수 있습니다.

POINT

5 가로 : 세로가 5 : 4 인데 세로가 12cm이고 가로의 길이를 □라고 할 때, 5 : 4 = □ : 12라는 비례식을 만들 수 있습니다. '외항의 곱 = 내항의 곱' 공식을 떠올려야 합니다.

정답 15cm

풀이

5 : 4 = □ : 12

4 × □ = 5 × 12 → 외항의 곱 = 내항의 곱

□ = 60 ÷ 4

□ = 15

가로의 길이는 15cm입니다.

POINT

6 이등변삼각형은 두 변의 길이와 두 각의 크기가 같은 삼각형입니다.

정답 변 AB : 9cm, 변 AC : 9cm

풀이

삼각형ABC는 이등변삼각형이기 때문에 변AB

와 변AC의 길이가 같습니다.

세 변의 합은 23cm이고, 변BC의 길이가 5cm이므로, 23 − 5 = 18, 이것을 둘로 나누면 한 변의 길이가 나옵니다.

변AB = 변AC = 9cm

POINT

7 원의 지름 = 원의 반지름 × 2

정답 10cm

풀이

원의 반지름이 20cm이므로 지름은 40cm가 됩니다.

선분ad = $\overbrace{\text{선분ac} + \text{선분bd}}^{\text{두 원의 지름의 합}}$ − 선분bc

70 = 40 + 40 − 선분bc $\quad$ 겹치는 부분

선분bc = 10cm

POINT

8 정육면체의 모서리는 12개입니다.

정답 48cm

풀이

한 변의 길이가 4cm이기 때문에 4 × 12 = 48, 정육면체의 모서리의 합은 48cm입니다.

POINT

9 주어진 입체도형은 원뿔, 원기둥, 사각기둥입니다.

정답 ②

풀이

원뿔의 높이(①)와 모선(②)의 길이는 다릅니다. 원기둥의 높이(③)와 모선(④)의 길이는 같습니다. 사각기둥의 높이(⑤)와 모서리(⑥)의 길이는 같습니다. 따라서, 세 개의 입체도형은 모두 같은 높이이므로, 원뿔의 모선(②)만 길이가 다릅니다.

POINT

10 리본의 길이 단위는 m인데, 문제에서는 cm로 물어보기 때문에 단위에 주의해야 합니다.

정답 5cm

풀이

2m ÷ 40명 = 0.05m

0.05m를 cm로 환산하면 5cm입니다. 40명은 각각 5cm씩 나누어 가질 수 있습니다.

POINT

11 1시간 = 60분입니다. 시간 단위에 주의하여 계산합니다.

정답 오전 11시 45분

풀이

225분은 3시간 45분입니다.

(225 ÷ 60 = 3 ⋯ 45)

오전 8시에 출발하여 3시간 45분이 지나면 오전 11시 45분이 됩니다. 노아는 할머니 댁에 오전 11시 45분에 도착합니다.

POINT

12 평균 = $\dfrac{\text{자료값을 모두 더한 수}}{\text{자료의 수}}$ 입니다.

정답 420g

풀이

조개의 무게를 모두 더한 후, 6명으로 나누면 평균을 구할 수 있습니다.

$$\frac{450 + 310 + 620 + 480 + 290 + 370}{6}$$

$$= \frac{2520}{6} = 420$$

6명의 학생이 주운 조개의 평균 무게는 420g입니다.

POINT

13 사각형의 종류에는 사다리꼴, 평행사변형, 직사각형, 정사각형, 마름모가 있는데, 각각의 특성이 있습니다.

정답 ① 평행사변형 ② 정사각형 ③ 마름모

풀이

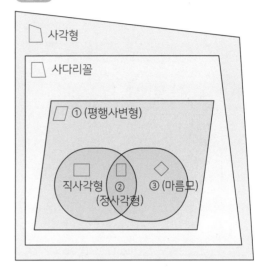

정사각형은 직사각형의 범주 안에 속하고 마름모의 범주 안에도 속합니다. 따라서 정사각형은 직사각형이라고도 할 수 있고, 마름모라고도 할 수 있지만, 직사각형이 정사각형이 될 수는 없습니다. 또한 마름모도 정사각형이 될 수 없습니다.

이런 개념을 이해하고 있다면, ①은 평행사변형, ② 정사각형, ③ 마름모임을 알 수 있습니다.

POINT

14 분수의 크기를 비교하려면 가분수를 먼저 대분수로 바꾸고, 세 분수는 분모가 서로 다르기 때문에 통분해야 합니다. 대분수와 진분수가 같이 있을 때, 대분수는 1보다 큰 분수이므로, 통분하지 않고 크기를 비교할 수 있습니다.

정답 $1\dfrac{32}{81}$, $\dfrac{75}{54}$, $\dfrac{13}{27}$

풀이

$1\dfrac{32}{81}$, $\dfrac{13}{27}$, $\dfrac{75}{54}$ 중, $\dfrac{13}{27}$ 은 진분수로 1보다

작기 때문에 세 개 중 가장 작습니다.

$\frac{75}{54}$ 를 대분수로 바꾸면 $1\frac{21}{54}$ 이 됩니다.

$1\frac{32}{81}$ 와 $1\frac{21}{54}$ 를 비교하려면 분모의 최소공배수로 먼저 통분합니다.

```
3) 81  54
3) 27  18
3)  9   6
     3   2  → 3 × 3 × 3 × 3 × 2 = 162
```

최소공배수 162로 통분합니다.

$$1\frac{32\times2}{81\times2}=1\frac{64}{162}$$

$$1\frac{21\times3}{54\times3}=1\frac{63}{162}$$

세 분수의 크기는 $1\frac{32}{81}>\frac{75}{54}>\frac{13}{27}$ 입니다.

총괄 평가 2회　　210쪽

POINT

1 사칙연산에서는 자리수를 맞춰서 계산하는 것과 받아올림과 받아내림에 주의합니다. 혼합 계산은 곱셈, 나눗셈이 덧셈, 뺄셈보다 먼저 해야 합니다.

정답 ① 1113

풀이

```
    ① ①
    3 5 7
 +   7 5 6
   1 1 1 3
```

정답 ② 562

풀이

```
   ⑥ ⑩
   7 3 6
 −   1 7 4
     5 6 2
```

정답 ③ 35616

풀이

```
          7 4 2
   ×         4 8
      5 9 3 6     → 742 × 8
    2 9 6 8 0     → 742 × 40
    3 5 6 1 6
```

정답 ④ 172…1

풀이

```
        1 7 2
   4) 6 8 9
      4           → 4 × 1
      2 8
      2 8         → 4 × 7
        9
        8         → 4 × 2
        1
```

정답 ⑤ 5

풀이

혼합 계산은 괄호를 먼저 계산하는데, 괄호 안에 덧셈과 곱셈이 혼용되어 있으므로, 곱셈인 4 × 5 를 먼저 계산해야 합니다.

$$(25 + 20) \div 9$$
$$= \underbrace{45} \div 9$$
$$= \qquad\underbrace{5}$$

POINT

2 최대공약수는 서로 다른 두 수의 공약수 중 가장 큰 수, 최소공배수는 서로 다른 두 수의 공배수 중 가장 작은 수입니다.

정답 A 54, B 96, C 6

풀이

A 구하기

$$
\begin{array}{r|ll}
3) & 18 & 27 \\
\hline
3) & 6 & 9 \\
\hline
 & 2 & 3
\end{array}
$$
$\rightarrow 3 \times 3 \times 2 \times 3 = 54$

B 구하기

$$
\begin{array}{r|ll}
4) & 32 & 48 \\
\hline
4) & 8 & 24 \\
\hline
2) & 2 & 6 \\
\hline
 & 1 & 3
\end{array}
$$
$\rightarrow 4 \times 4 \times 2 \times 1 \times 3 = 96$

C 구하기

$$
\begin{array}{r|ll}
2) & 54 & 96 \\
\hline
3) & 27 & 48 \\
\hline
 & 9 & 16
\end{array}
$$
$\rightarrow 2 \times 3 = 6$

A(54)와 B(96)의 최대공약수는 C(6)입니다.

POINT

3 테이프의 길이 단위는 m인데, 문제에서는 cm로 물어보기 때문에 단위에 주의합니다. 100cm = 1m입니다.

정답 1,195cm

풀이

47.8m ÷ 4명 = 11.95m

11.95m를 cm로 환산하면 1,195cm입니다.

POINT

4 오늘 읽은 부분이 어제 읽고 남은 부분의 $\frac{1}{4}$인 것에 주의합니다.

정답 $\frac{11}{20}$

풀이

찬미가 어제 읽은 부분은 전체의 $\frac{2}{5}$이고

오늘 읽은 부분은 어제 읽고 남은 부분인

$1 - \frac{2}{5} = \frac{3}{5}$이므로, $\frac{3}{5}$의 $\frac{1}{4}$입니다.

즉, 오늘 읽은 부분은 $\frac{3}{5} \times \frac{1}{4} = \frac{3}{20}$입니다.

어제 읽은 부분과 오늘 읽은 부분을 더하면

$\frac{2}{5} + \frac{3}{20} = \frac{8+3}{20} = \frac{11}{20}$입니다.

찬미는 동화책 전체에서 $\frac{11}{20}$만큼 읽었습니다.

POINT

5 20%를 할인 받은 것은 원래 가격의 80%를 지불했다는 뜻입니다.

정답 22,500원

풀이

원래 가격을 □라고 한다면, 80% : 18,000원 = 100% : □의 비례식이 성립됩니다.

'외항의 곱 = 내항의 곱'이므로,

$80 \times □ = 18,000 \times 100$

$□ = 1,800,000 \div 80 = 22,500$

원래 가격은 22,500원입니다.

POINT

6 마름모는 마주보는 각의 크기가 같습니다.

정답 25°

풀이

주어진 각 130°와 마주보는 각의 크기도 130°입니다. 마름모는 사각형이기 때문에 네 각의 합이 360°이므로, 남은 두 각의 합은 100°이며, 한 각의 크기는 50°임을 알 수 있습니다. ★은 그것을 반으로 나눈 것이므로 25°가 됩니다.

POINT

7 ①은 팔각형, ②는 10각형, ③은 육각형입니다. 각 도형은 각의 수가 변의 수이자 꼭짓점의 수입니다.

정답 ① 16 ② 20 ③ 12

풀이

①은 $8 + 8 = 16$, ②는 $10 + 10 = 20$,
③은 $6 + 6 = 12$입니다.

POINT

8 전개도를 접을 때 만나는 모서리를 생각해 봅니다.

정답 모서리ae

풀이

모서리ik와 길이가 같은 것은 모서리ae, 모서리bf, 모서리cg, 모서리dh, 모서리jl인데, 이 전개도를 따라 접었을 때, 모서리 ik와 만나는 것은 모서리ae입니다.

POINT

9 □각기둥의 모서리의 수는 '□ × 3', □각뿔의 꼭짓점의 수는 '□ + 1', □각기둥의 면의 수는 '□ + 2'입니다.

정답 22

풀이

삼각기둥의 모서리의 수 : $3 × 3 = 9$
육각뿔의 꼭짓점의 수 : $6 + 1 = 7$
사각기둥의 면의 수 : $4 + 2 = 6$
$9 + 7 + 6 = 22$

POINT

10 A는 사다리꼴, B는 평행사변형입니다.
사다리꼴의 넓이
= (윗변＋아랫변) × 높이 ÷ 2
평행사변형의 넓이 = 밑변 × 높이

정답 $84cm^2$

풀이

A의 윗변 길이는 $12 - 8$이므로, 4cm입니다.
A의 넓이 $= (4 + 8) × 6 ÷ 2 = 36cm^2$
B의 넓이 $= 8 × 6 = 48cm^2$
$A + B = 36 + 48 = 84cm^2$

POINT

11 2.5L의 물을 300ml의 물통에 나눠 담는 것은 나눗셈 문제입니다. 단위가 다르기 때문에 단위를 맞춰 주는 것에 주의합니다.
$1L = 1,000ml$입니다.

정답 0.1L

풀이

문제에서 L로 물어보기 때문에 단위는 L로 맞추는 것이 편합니다. 300ml는 0.3L입니다.
$2.5 ÷ 0.3 = 8 \cdots 0.1$
8병에 넣고 0.1L가 남습니다.
검산해 보면, $2.5L = 8 × 0.3 + 0.1$입니다.

POINT

12 막대그래프를 보면, 사과 탕후루를 먹은 친구는 5명, 딸기 탕후루를 먹은 친구는 6명, 포도 탕후루를 먹은 친구는 4명입니다.

정답 ① 딸기 탕후루 ② $\frac{1}{3}$

풀이

① 가장 많은 친구들이 먹은 탕후루는 6명이 먹은 딸기 탕후루입니다.
② 전체 친구들 수는 $4＋6＋5＝15$명입니다. 15

명 중 사과 탕후루를 먹은 친구는 5명이므로,
$\frac{5}{15} = \frac{1}{3}$ 입니다.

POINT
13 소수와 분수의 크기를 비교하려면 우선 같은 조건으로 맞춰야 합니다.

정답 $1\frac{4}{5}$, 1.65 , $\frac{7}{10}$, 0.48

풀이

분수 $\frac{7}{10}$ 과 $1\frac{4}{5}$ 를 소수로 바꾸면

$\frac{7}{10} = 0.7$, $1\frac{4}{5} = 1\frac{8}{10} = 1.8$입니다.

소수의 크기 비교는 자연수 부분부터 소수 첫째 자리, 둘째 자리 순서대로 합니다. 자연수 부분이 1인 1.8과 1.65를 비교하면, 소수 첫째 자리에서 1.8이 1.65보다 큽니다. 0.7과 0.48을 비교하면, 소수 첫째 자리에서 0.7이 0.48이 큽니다.
큰 순서대로 하면, $1.8 > 1.65 > 0.7 > 0.48$입니다.

POINT
14 반직선은 한 점에서 시작하여 다른 한 쪽으로 끝없이 늘인 곧은 선입니다.

정답 왼쪽 점에 A, 오른쪽 점에 B

풀이

반직선AB가 되려면 시작하는 점이 A여야 하므로, 왼쪽의 점에 A, 끝없이 늘인 곧은 선인 오른쪽의 점에 B를 써넣어야 합니다.

총괄 평가 3회   214쪽

POINT
1 사칙연산에서는 자리수를 맞춰서 계산하는 것과 받아올림과 받아내림에 주의합니다. 혼합 계산은 곱셈, 나눗셈이 덧셈, 뺄셈보다 먼저 해야 합니다.

정답 ① 1104

풀이

$$\begin{array}{r} \;\;^{1}\,^{1}\;\; \\ 4\,4\,8 \\ +\;\;6\,5\,6 \\ \hline 1\,1\,0\,4 \end{array}$$

정답 ② 7836

풀이

$$\begin{array}{r} \;^{10}\;\;^{10}\; \\ ^{7}\,^{0}\,^{0}\,^{10} \\ 8\,1\,1\,4 \\ -\;\;\;\;2\,7\,8 \\ \hline 7\,8\,3\,6 \end{array}$$

정답 ③ 183034

풀이

$$\begin{array}{r} 5\,2\,9 \\ \times\;\;\;3\,4\,6 \\ \hline 3\,1\,7\,4 \\ 2\,1\,1\,6\,0 \\ 1\,5\,8\,7\,0\,0 \\ \hline 1\,8\,3\,0\,3\,4 \end{array}$$

→ 529×6
→ 529×40
→ 529×300

정답 ④ 161

풀이

$$\begin{array}{r} 1\,6\,1 \\ 37\,)\overline{5\,9\,6\,2} \\ \underline{3\,7\;\;\;\;\;} \\ 2\,2\,6 \\ \underline{2\,2\,2\;} \\ 4\,2 \\ \underline{3\,7} \\ 5 \end{array}$$

→ 37×1
→ 37×6
→ 37×1

정답 ⑤ 20

풀이

혼합 계산은 괄호를 먼저 계산해야 하며, 덧셈·
뺄셈보다 곱셈·나눗셈을 먼저 계산합니다. 여기
에서는 괄호에 있는 뺄셈을 제일 먼저 합니다.

$180 - 4 \times (11 - 7) \times 10$

$= 180 - 4 \times 4 \times 10$

$= 180 - 16 \times 10$

$= 180 - 160$

$= 20$

POINT

2 최대공약수는 서로 다른 두 수의 공약수 중
가장 큰 수, 최소공배수는 서로 다른 두 수
의 공배수 중 가장 작은 수입니다.

정답 A 6, B 8, C 24

풀이

A 구하기

$2) \overline{42 \quad 72}$
$3) \overline{21 \quad 36}$
$\quad \ \ 7 \quad 12 \qquad \rightarrow 2 \times 3 = 6$

B 구하기

$2) \overline{32 \quad 104}$
$2) \overline{16 \quad 52}$
$2) \overline{\ 8 \quad 26}$
$\quad \ \ 4 \quad 13 \qquad \rightarrow 2 \times 2 \times 2 = 8$

C 구하기

$2) \overline{6 \quad 8}$
$\quad 3 \quad 4 \qquad \rightarrow 2 \times 3 \times 4 = 24$

A(6)와 B(8)의 최소공배수는 C(24)입니다.

POINT

3 어떤 수를 □라고 하면, 원래의 식은 □÷3
이어야 합니다. 문제는 □를 구하는 것이
아니라, □를 구한 후 원래의 식으로 푼 결
과를 쓰는 것에 주의합니다.

정답 2.04

풀이

어떤 수에 3을 곱해서 18.36이 되었으므로
□× 3 ＝18.36입니다.
□ ＝ 18.36 ÷ 3 ＝ 6.12, □는 6.12입니다.
원래의 식대로 하면 6.12 ÷ 3 ＝ 2.04입니다.

POINT

4 분모가 다른 분수이므로, 통분하여 크기를
비교합니다.

정답 집에서 도서관이 $\frac{1}{63}$ 만큼 가깝습니다.

풀이

$\frac{4}{7}$ km와 $\frac{5}{9}$ km를 통분하려면 분모 7과 9의

최소공배수 63으로 통분합니다.

$\frac{4 \times 9}{7 \times 9} = \frac{36}{63}$ 이므로,

집에서 학교는 $\frac{36}{63}$ km입니다.

$\frac{5 \times 7}{9 \times 7} = \frac{35}{63}$ 이므로,

집에서 도서관은 $\frac{35}{63}$ km입니다.

집에서 도서관이 $\frac{1}{63}$ km만큼 가깝습니다.

POINT

5 연필 한 다스는 12자루입니다.
전체(A)를 B : C로 비례배분하려면,
$A \times \dfrac{C}{B+C}, \quad A \times \dfrac{C}{B+C}$
로 계산합니다.

정답 예준 15자루, 하연 9자루

연필 두 다스는 24자루입니다.

24자루를 5 : 3으로 비례배분하면,

예준 : 하연 $= 24 \times \dfrac{5}{5+3} : 24 \times \dfrac{3}{5+3}$

$\qquad\qquad\quad = 15 : 9$

민지는 예준이에게 15자루, 하연이에게 9자루 나눠 줍니다.

POINT

6 삼각형ABC와 삼각형DBE는 모두 직각 삼각형입니다.

정답 40°

풀이

각ACB는 $180 - 90 - 20 = 70°$

각FCD는 $180 - 70 = 110°$

삼각형CDF에서 $180 - 110 - 30 = 40°$

따라서 각DFC는 40°입니다.

POINT

7 정사각형은 네 변의 길이가 같습니다.

정답 12cm

풀이

정사각형 한 변의 길이를 □라고 하면, 5개를 이어 붙인 직사각형의 둘레의 길이는 □ × 12이며, 이것이 144cm입니다.

□ × 12 = 144

□ = 144 ÷ 12 = 12

정사각형 한 변의 길이는 12cm입니다.

POINT

8 원의 지름은 '반지름 × 2'입니다.

정답 64cm

풀이

눈사람 머리의 반지름이 8cm이므로, 지름은 16cm입니다.

16cm는 몸의 반지름의 $\dfrac{2}{3}$이므로, 몸의 반지름을 □라고 하면 $16 = □ \times \dfrac{2}{3}$입니다.

$□ = 16 \div \dfrac{2}{3}$

$\quad = 16 \times \dfrac{3}{2}$

$\quad = 24$

몸의 반지름은 24cm이므로, 지름은 48cm입니다. 눈사람의 키는 머리의 지름과 몸의 지름을 더한 것이므로 $16 + 48 = 64$입니다.

POINT

9 점ㄷ은 원의 중심이고, 삼각형ㄱㄴㄷ은 선분ㄱㄷ과 선분ㄴㄷ이 원의 반지름으로 길이가 같은 삼각형입니다.

평행사변형ㄱㄴㄷㄹ은 선분ㄱㄷ과 선분ㄷ ㄹ이 원의 반지름으로 같은 길이인데, 평행사변형은 마주 보는 변이 평행하고 길이가 같은 성질이 있으므로, 네 변의 길이는 모두 같습니다. 또 마주 보는 각의 크기가 같고 이웃하는 두 각의 합이 180°입니다.

정답 ① 60° ② 120°

풀이

각ㅁㄹㄷ이 60°이므로 이웃한 각ㄱㅁㄹ은 120°가 됩니다. 또한 마주 보는 각ㄱㄷㄹ도 120°이므로 각ㄱㄷㄴ은 60°가 됩니다. 선분ㄱㄷ과 선분ㄴㄷ이 길이가 같으므로 각의 크기도 같습니다. 각ㄱㄴㄷ과 각ㄷㄱㄴ은 각각 60°가 됩니다.

POINT

10 1kg=1,000g입니다. 먼저 단위를 맞춰서 계산하는 것에 주의합니다.

정답 14권

풀이

$5kg ÷ 350g = 5,000g ÷ 350g = 14 \cdots 10$

몫이 14이므로, 책 14권을 담을 수 있습니다.

POINT

11 수업 시간이 서로 다른 것과 쉬는 시간을 더하는 것을 빠뜨리지 않도록 주의합니다.

정답 오빠, 언니, 예빈

풀이

예빈이는 5교시 수업이니 $5 × 40$분,

쉬는 시간은 4번 있으므로 40분을 더해 줍니다.

$5 × 40분 + 40분 = 240분$

언니는 4교시 수업이니 $4 × 45$분,

쉬는 시간은 3번 있으므로 30분을 더해 줍니다.

$4 × 45분 + 30분 = 210분$

오빠는 3교시 수업이니 $3 × 50$분,

쉬는 시간은 2번 있으므로 20분을 더해 줍니다.

$3 × 50분 + 20분 = 170분$

집에 돌아오는 순서는 오빠-언니-예빈입니다.

POINT

12 가능성 $= \dfrac{\text{특정 사건의 개수}}{\text{전체 사건의 개수}}$

정답 90%

풀이

1부터 10까지의 숫자 카드 중 5보다 작은 수는 1, 2, 3, 4로, 가능성은 $\dfrac{4}{10}$ 입니다.

1부터 10까지의 숫자 카드 중 짝수는 2, 4, 6, 8, 10으로, 가능성은 $\dfrac{5}{10}$ 입니다.

$\dfrac{4}{10} + \dfrac{5}{10} = \dfrac{9}{10}$

$\dfrac{9}{10}$ 를 백분율로 바꾸면 90%입니다.

POINT

13 합동이 되려면 모양과 크기가 같아서 포개었을 때 완전히 겹쳐져야 합니다.

정답 두 삼각형은 세 각의 크기가 같고, 세 변의 길이가 같으므로, 모양과 크기가 같은 합동입니다.

풀이

삼각형ㄱㄴㄷ은 각ㄱㄴㄷ이 직각이고, 각ㄴㄷㄱ이 45°입니다. 남은 각ㄱㄴㄷ도 45°임을 알 수 있습니다. 삼각형 abc는 각bac가 직각, 각abc가 45°, 남은 각acb가 45°이므로, 세 각이 같습니다. 삼각형ㄱㄴㄷ의 두 변은 4cm, 6cm이고, 삼각형 abc의 두 변 4cm, 6cm로 두 변의 길이가 같습니다. 세 각의 크기가 같고 두 변의 길이가 같으면 남은 한 변으로 길이가 같으므로 두 삼각형은 완전히 겹쳐지는 합동입니다.

POINT

14 문제를 차근차근 읽으면서 주어진 힌트를 차례대로 계산하면 쉽게 답을 구할 수 있습니다.

정답 8,700원

풀이

다빈이는 채연이가 저금한 4,700원의 2배인 9,400원보다 600원이 많은 10,000원을 저금했습니다.

$(2,500원 + 2,200원) × 2 + 600원 = 10,000원$

인수는 다빈이보다 3,400원 더 저금했으므로, 13,400원이 됩니다.

$10,000원 + 3,400원 = 13,400원$

인수가 저금한 13,400원에서 채연이가 저금한 4,700원을 빼면 8700원이 나옵니다. 인수는 채연이보다 8,700원 더 저금했습니다.

$13,400원 - 4,700원 = 8,700원$